上海市工程建设规范

地下管线测绘标准

Standard for surveying and mapping underground pipelines and cables

DG/TJ 08—85—2020

J 10046—2020

主编单位:上海市测绘院

批准部门:上海市住房和城乡建设管理委员会

施行日期:2021 年 1 月 1 日

同济大学出版社

2020　上海

图书在版编目(CIP)数据

地下管线测绘标准/上海市测绘院主编. —上海：同济大学出版社，2020.12

ISBN 978-7-5608-9588-8

Ⅰ.① 地… Ⅱ.①上… Ⅲ.①地下管道-测绘-标准-上海 Ⅳ.①TU990.3-65

中国版本图书馆 CIP 数据核字(2020)第 227659 号

地下管线测绘标准

上海市测绘院 **主编**

策划编辑 张平官

责任编辑 朱 勇

责任校对 徐春莲

封面设计 陈益平

出版发行 同济大学出版社 www.tongjipress.com.cn

(地址：上海市四平路 1239 号 邮编：200092 电话：021－65985622)

经 销 全国各地新华书店

印 刷 浦江求真印务有限公司

开 本 889mm×1194mm 1/32

印 张 4

字 数 107 000

版 次 2020 年 12 月第 1 版 2020 年 12 月第 1 次印刷

书 号 ISBN 978-7-5608-9588-8

定 价 35.00 元

上海市住房和城乡建设管理委员会文件

沪建标定〔2020〕421号

上海市住房和城乡建设管理委员会
关于批准《地下管线测绘标准》
为上海市工程建设规范的通知

各有关单位：

由上海市测绘院主编的《地下管线测绘标准》，经我委审核，现批准为上海市工程建设规范，统一编号为DG/TJ 08—85—2020，自2021年1月1日起实施。原《地下管线测绘规范》DG/TJ 08—85—2010同时废止。

本规范由上海市住房和城乡建设管理委员会负责管理，上海市测绘院负责解释。

特此通知。

上海市住房和城乡建设管理委员会

二〇二〇年八月十三日

前　言

本标准是根据上海市住房和城乡建设管理委员会《关于印发〈2016年上海市工程建设规范编制计划〉的通知》(沪建管〔2015〕871号文)要求,在总结上海市工程建设规范《地下管线测绘规范》DG/TJ 08—85—2010实施以来的经验的基础上,由上海市测绘院组织相关参编单位,经深入调查研究、广泛征求意见,参考了国内有关标准,修订而成。

本标准主要内容包括:总则;术语;基本规定;控制测量;地下管线跟踪测量;地下管线探测;地下管线数据处理与管线图编绘;成果检查验收、提交和入库。

本次增加和修订的主要内容有:

1. 第2章"术语"中增加了"地下管线跟踪测量""地下管线全生命周期"等术语解释。

2. 第3章"基本规定"中对地下管线分类、测绘内容、测绘方法做了修订。

3. 第4章"控制测量"中将GPS观测修改为GNSS观测。

4. 第5章"地下管线测量"修改为"地下管线跟踪测量"。

5. 第7章"地下管线数据处理与管线图的编绘"中对管线成图的线型、图层、颜色和扯旗注记做了部分修改。

6. 对附录中的相关数据属性、图式符号、成图要求等做了修改。

各单位及相关人员在执行本标准过程中,如有意见和建议,请反馈至上海市规划和自然资源管理局(地址:上海市北京西路99号;邮编:200003;E-mail:guihuaziyuanfagui@126.com)、上海市测绘院(地址:上海市武宁路419号;邮编:200063;E-mail:

xuhui0814@shsmi.cn)，或上海市建筑建材业市场管理总站(地址：上海市小木桥路 683 号；邮编：200032；E-mail：bzglk@zjw.sh.gov.cn)联系，以供本标准今后再次修订时参考。

主 编 单 位：上海市测绘院

参 编 单 位：上海市地质调查研究院

上海市测绘产品质量监督检验站

上海博坤信息技术有限公司

主要起草人：康　明　张黔松　陈功亮　金　雯　郭功举

林木棵　吴志刚　陆锦豪　谭　春　刘　威

沈亚妮　徐　晗　舒　琪　盛　成　高俊潮

刘　刚　赵万为　冯军锋　吴述龙　徐永红

徐　晖　时煜姝　余美义

主要审查人：季善标　丁　美　罗永权　常佩瑾　石春花

蒋　欣　马亚博

上海市建筑建材业市场管理总站

目　次

Contents

1 总 则

1.0.1 为贯彻《上海市测绘管理条例》，健全基础地理信息资源服务保障机制，统一本市地下管线测绘技术要求，推进地下管线信息资源共享，不断适应本市城市信息化建设发展和地下管线全生命周期管理的需要，制定本标准。

1.0.2 本标准适用于本市城市新建、改建、扩建及废弃管线的跟踪测量，管线成果缺失的补充探测，地下综合管线数据库的建设与维护以及地下综合管线图的编绘等工作。各类工程建设、区域改造和施工场地的管线测量等相关工作，在技术条件相同时也可适用。

1.0.3 本标准以中误差作为衡量测绘精度的标准，以 2 倍中误差作为极限误差。

1.0.4 地下管线的测绘除应符合本标准外，尚应符合国家、行业和本市现行有关标准的规定。

2 术 语

2.0.1 地下管线测绘 underground pipeline surveying and mapping

获取地下管线及其附属设施空间位置及相关属性信息，编绘地下管线图，实现地下管线数据交换和信息资源共享的过程。

2.0.2 地下管线跟踪测量 underground pipeline tracking measurement

指在地下管线及隐蔽工程施工时进行现场实时跟踪，在管线施工完成、覆土之前进行管线空间位置的测量和相关属性的采集。

2.0.3 地下管线探测 underground pipeline detecting and surveying

获取地下管线走向、空间位置、附属设施及其相关属性信息，编绘地下管线图、建立地下管线数据库过程，包括地下管线资料调绘、探查、测量、数据处理与管线图编绘和数据库建立等。

2.0.4 非开挖管线 trenchless pipeline

非开挖管线是指不开挖地表或以最小的地表开挖量铺设的各种地下管线，包括顶管法施工、微型隧道法施工、定（导）向钻机穿越施工等技术工艺铺设的各种地下管线。

2.0.5 综合管廊 multi-utility tunnel

综合管廊（又称为共同沟、共同管道或综合管沟）是指在城市地下用于集中敷设电力、通信、给水、燃气等市政管线的公共隧道。

2.0.6 数据交换 data exchange

按标准化数据格式对地下管线结构化数据进行的数据传输。

2.0.7 元数据 metadata

关于数据的内容、质量、状况和其他特性的描述性数据。

2.0.8 地下管线全生命周期 underground pipeline full life-cycle

地下管线全生命周期包括项目规划、立项、设计、审批、施工建设、运行、检测、维修、报废等全过程。

2.0.9 GNSS 测量 Global Navigation Satellite System Survey

使用全球导航卫星定位技术建立测量控制网或测量定位等测量活动,又称卫星定位测量。

2.0.10 RTK Real-Time Kinematic

利用载波相位差分的实时动态定位。

3 基本规定

3.1 坐标系统与地图分幅

3.1.1 本市地下管线测绘应采用上海平面坐标系统、吴淞高程系统；辖区内特殊地区地下管线测绘采用其他坐标和高程系统时，应与上海平面坐标系统、吴淞高程系统建立转换关系。

3.1.2 地下综合管线图的分幅和编号方法应按照本标准附录 A 的要求执行。

3.2 地下管线测绘内容

3.2.1 地下管线测绘工作应包括控制测量、地下管线跟踪测量、探测、数据处理、地下管线图编绘、成果检查、验收、数据入库与交换等基本内容。

3.2.2 地下管线的测绘对象一般包括埋设于地下的给水、排水、燃气、电力、通信、热力、工业和综合管廊等管道和线缆；为保证管线的连通性，部分出露地面的管线段应测绘。

3.2.3 地下管线测绘应测量、探查其空间位置并记录相关属性，编绘数字地下管线图，组织做好地下管线数据入库与交换前的基本工作。

3.2.4 地下管线测绘具体内容应包括：

1 测绘各类管线特征点（起讫点、交叉点、转折点、分支点、变径点、变坡点和新老管线衔接处等）的平面位置和高程，记录管径或断面尺寸，注明电力或通信缆线根（孔）数、管材性质以及工程执照号、埋设日期等。

2 测绘管线附属物的空间位置及属性。

3 记录拆除、废弃等管线的相关信息。

4 根据地下管线测量的成果和记录的各类信息，编绘数字地下管线图。

5 对地下管线测绘成果、成图及其相关属性数据等资料进行必要的处理和检查验收，以满足数据入库与交换需要。

3.3 地下管线测绘方法

3.3.1 地下管线的测绘方法应包括跟踪测量和探测。

3.3.2 地下管线跟踪测量应在地下管线覆土前跟踪测量管线特征点及附属物的平面位置和高程。

3.3.3 已覆土的地下管线应探查地下管线特征点及附属物在地面的投影位置和埋深，测量其平面位置和高程。

3.3.4 在地下管线全生命周期各阶段的测绘工作中，测绘单位应向管线建设、管线管理、管线权属和运行维护等部门及单位收集全生命周期管理的相关要素。

3.4 精度要求

3.4.1 地下管线跟踪测量的精度应符合下列规定：

1 管线点点位平面中误差应不大于±10.0 cm。

2 管线点点位高程中误差应不大于±5.0 cm。

3 管线地面附属物平面中误差应不大于±5.0 cm。

4 管线地面附属物高程中误差应不大于±3.0 cm。

3.4.2 地下管线的探测精度应符合下列规定：

1 隐蔽管线点的探查精度应符合：平面位置探查中误差和埋深探查中误差分别应不大于 $0.05h$ 和 $0.075h$，其中 h 为管线中心埋深，当 $h<100$ cm 时以 100 cm 代入计算。

2 明显管线点的埋深量测中误差应不大于 2.5 cm。

3 明显管线点及探测点的平面测量中误差应不大于 ±5.0 cm。

4 明显管线点及探测点的高程测量中误差应不大于 ±3.0 cm。

3.4.3 非开挖管线测量的精度应符合下列规定：

1 非开挖隐蔽管线点的探测精度按照第 3.4.2 条的规定。

2 非开挖明显管线点的测量精度按照第 3.4.2 条的规定。

3.5 项目设计与总结

3.5.1 地下管线测绘工作开展前应编制项目设计书。

3.5.2 项目设计书应根据任务要求、资料收集、现场踏勘、仪器校验和方法试验的结果进行编制。

3.5.3 项目设计书宜包括概述、已有资料和引用依据、成果或产品主要技术指标和规格、设备或软硬件配置要求、安全生产组织与进度安排以及附录等内容。

3.5.4 大型工程项目设计书在发布前应进行评审，实施前应作技术交底。

3.5.5 地下管线测绘工程结束后，作业单位应编写技术总结。

3.6 地下管线分类、代号与取舍

3.6.1 各专业管线的分类及代码应按表 3.6.1 的规定表示。

表 3.6.1 专业管线分类

管线类别（大类）	大类代号	大类代码	管线类别（小类）	小类代号	小类代码	说明
电力	L	01	供电	GD	10	
			路灯	LD	20	
			信号	XH	22	交通信号线
			电车	DC	11	
			直流	ZL	25	直流专用线
			景观	DG	21	景观灯线
			其电	QD	00	其他电力
通信	D	02	电话	DX	12	移动、联通、电信等提供固定电话、移动电话服务的通信公司管线
			广电	DS	13	广播电视管线
			信息	XX	14	上海市信息管线有限公司管线
			监控	JK	15	
			专线	ZX	16	
			电通	DT	17	电力通信
			其信	QX	00	其他通信
给水	S	03	原水	OS	10	
			上水	SS	12	
			中水	ZS	13	
			直饮	JZ	20	
			消防	XF	14	
			绿化	LS	15	
			其给	QJ	00	其他给水
排水	X	04	雨水	YS	10	
			污水	WS	11	
			合流	HL	12	
			其排	QP	00	其他排水

续表3.6.1

管线类别（大类）	大类代号	大类代码	管线类别（小类）	小类代号	小类代码	说明
燃气	M	05	煤气	MQ	02	
			液化	YH	03	
			天然	TR	04	
			其燃	QR	00	其他燃气
工业	T	06	氢气	QQ	22	
			氧气	YU	18	
			乙炔	YQ	16	
			原油	YY	24	
			成油	CP	25	成品油
			航油	HY	19	
			排渣	PZ	26	
			乙烯	YX	15	
			氨水	AS	13	
			纯水	CS	14	
			酸	SY	17	
			废水	FS	28	
			其工	QG	00	其他工业
热力	R	07	蒸汽	RZ	10	
			热水	RS	11	
			其热	QL	00	其他热力
其他	Q	08	管廊	ZH	10	综合管廊
			合杆	HG	20	合杆管线：电力与通信合排共用管线
			不明	BM	00	不明管线：无法查明类别和功能的管线

3.6.2 地下管线要素分类采用线分类法，分类代码采用8位十进制数字码，按数字顺序排列分别为专题类、大类、小类、空间特征类、子类，代码结构如图3.6.2所示。

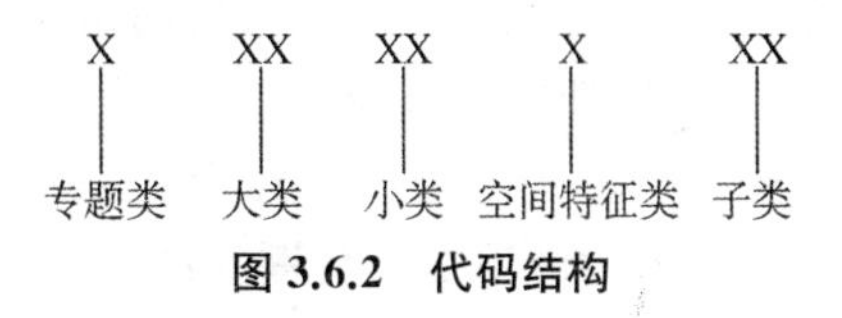

图 3.6.2 代码结构

1 专题类属于管线专题，代码固定为5。

2 大类为管线的类别，采用2位数字编码，见表3.6.1中大类代码。

3 小类为管线实体的具体类型，采用2位数字编码，见表3.6.1中小类代码。

4 空间特征类为管线实体的空间类型，用点、线、面表示，编码依次为2、1、3。

5 子类为具体的管线点或面的类别，采用2位数字编码，即00—99，见本标准附录C的子类代码。

3.6.3 地下管线测绘取舍标准。

1 地下管线测绘取舍标准应按表3.6.3执行。

表 3.6.3 地下管线测绘取舍标准

管线类别	取舍标准
电力	全测
通信	全测
给水	管道内径≥50 mm(主管连接到消防栓的支管全测)
排水	管道内径≥200 mm或方沟≥400 mm×400 mm (主管连接到雨水篦的全测，露天排水沟不测)
燃气	全测
热力	全测
工业	全测
其他	全测

2 出露地面管线的取舍。

出露地面的给水管道、燃气管道、电力排管、通信排管应测绘；上杆架空的电力线、通信线不应测绘；连续出露地面的工业、热力高低支架管道不应测绘；仅横穿道路、河流部分架空且两端都入地的工业、热力管线架空部分应测绘。

3.7 地下管线数据交换

3.7.1 地下管线信息应按照表 3.6.1 的分类和代码进行存储，管线段应由两个管线点连接构成。

3.7.2 地下管线数据交换文件的组织应按本标准附录 C、附录 D 和附录 E 进行。

3.8 地下管线元数据

3.8.1 地下管线元数据以项目为单元，应包括下列内容：

1 标题信息：项目工程号，分类代码标准名称。

2 范围信息：数据覆盖范围的图幅名称。

3 数据质量信息：质检部门、质检结果概述。

4 数据作业信息：采用规范、采集单位、采集方式、采集时间、采集软件、参考资料来源、采集仪器。

5 数据信息：地下管线种类、数据交换格式及其版本。

6 坐标信息：平面坐标与高程系统的名称或代码。

3.8.2 地下管线元数据格式应符合本标准附录 F 的规定。

3.8.3 上交的作业文件中应包括元数据信息，元数据可以和作业文件存放于一个文件中，也可以单独形成文件。

3.8.4 建立地下管线数据库时一般应同步建立地下管线元数据库，元数据库应随地下管线数据库同步更新。

4 控制测量

4.1 平面控制测量

4.1.1 地下管线平面控制测量点的精度应不低于图根级导线的要求，需要布设图根级以上控制点时应按现行行业标准《城市测量规范》CJJ/T 8 的要求加密等级控制点。

4.1.2 图根平面控制测量可采用电磁波测距图根导线、GNSS 静态或 GNSS RTK 方法进行施测。

4.1.3 电磁波测距图根导线测量应符合下列要求：

1 图根电磁波测距导线应布设成附合导线、闭合导线或导线网，导线的形状应尽可能布成等边直伸，不得层层环套，也不得交叉重迭。同级附合一次为限。

2 图根电磁波测距导线测量的技术要求应按表 4.1.3 执行。

1） 当导线的长度短于 300 m 时，其导线全长绝对闭合差不得大于 15 cm。

2） 当电磁波测距图根导线布设成结点网时，结点与高级点之间或结点与结点之间的长度不得大于导线长度的 0.7 倍。

表 4.1.3 图根电磁波测距导线测量技术要求

导线长度(m)	测角中误差(″)	仪器类型		测回数	方位角闭合差(″)	导线全长相对闭合差
		测角仪器	测距仪器			
900	≤±20	DJ6	Ⅱ级	1	$\leqslant \pm 40\sqrt{n}$	≤1/4 000

注：1 表中 n 为测站数。

2 Ⅱ级电磁波测距仪每千米测距中误差 m_D 应满足 5 mm$<m_D\leqslant$10 mm。

3 水平角测量和距离测量应符合下列要求：

1）水平角测量应采用方向观测法，超过三个方向时应归零。

2）电磁波测距仪测量边长为一测回，三次读数，读数较差不得大于 10 mm。

4 在困难地区可布设支导线，支导线总长应小于 450 m，边数不得超过 4 条。角度和边长应往返观测，边长观测往返较差应小于测距仪标称精度的 2 倍，角度观测往返较差应小于±40″；当支导线的点数在 2 点下列（包括 2 点）时，可不往返观测。

4.1.4 采用 GNSS 静态测量布设图根点时应符合现行行业标准《卫星定位城市测量技术标准》CJJ/T 73 的有关规定。

4.1.5 GNSS RTK 测量应符合下列规定：

1 利用 GNSS RTK 加密控制点时，有效的观测卫星数不应少于 5 颗；卫星高度角不应小于 15°；PDOP 值不应大于 6；并且持续显示固定解时，方可用于生产作业。

2 GNSS RTK 测量控制点可采用单基站或网络 RTK 的方式。

3 作为 GNSS 加密控制点时，须直接或间接地校核所有 GNSS RTK 加密控制点之间的距离，控制边平均长度及相对精度按表 4.1.5 执行。

表 4.1.5 GNSS RTK 平面测量技术要求

等级	相邻点间距离（m）	点位中误差（mm）	相对中误差	起算点等级	流动站到单基准站间距离（km）	初始化次数	一次初始化测量次数
图根	≥100	50	≤1/4 000	二级及以上	≤10	≥2	≥2

注：1 网络 RTK 测量可不受起算点等级、流动站到单基准站间距离的限制，但应在作业有效范围内。

2 困难地区相邻点间距离可缩短至表中的 2/3，边长较差应不大于 20 mm。

4.1.6 单基站 GNSS RTK 测量应符合下列要求：

1 采用单基站 GNSS RTK 测量时，基准站宜选择在观测条件好、距离测区近的地方，起算点应选用二级(含)以上控制点。

2 对于使用不同等级的控制点，其作业半径应满足二等不大于 6 km；三、四等不大于 4 km；一、二级不大于 2 km。

3 作业前应使用同等级(或以上)的不同控制点进行校核，点位误差不应大于 50 mm。

4 每项工程不应少于 3 个已知点作为基准点。

5 应持续显示固定解后开始观测，每点均应独立初始化 2 次，每次采集 2 组，每组采集的时间不少于 10 s，4 组数据的点位较差小于 20 mm 时可取其中任一组数据或平均值。

4.1.7 网络 GNSS RTK 测量应符合下列要求：

1 RTK 平面控制测量应采用三角支架方式架设流动站天线进行测量。

2 RTK 平面控制测量应在流动站持续显示固定解后开始观测，每点应独立初始化 2 次，每次采集 2 组观测数据，每组采集的时间不少于 10 s，4 组数据的平面点位较差小于 20 mm 时可取其中任一组数据或平均值。

3 RTK 平面控制测量在同一测区布点不得少于 3 点，对所测的成果应有不少于 10%的重复抽样检查且检查点数不应少于 3 点，重复抽样检查应在临近收测时或隔日进行，且应重新进行独立初始化，重复抽样采集与初次采集点位较差应小于 30 mm。

4 RTK 平面控制测量成果使用前应对使用的测量成果进行边长或角度检核，技术要求应符合表 4.1.7 的规定。

表 4.1.7 RTK 平面控制点检核测量技术要求

等级	边长检核		角度检核	
	检验方法测距中误差(mm)	边长较差	检验方法测角中误差(″)	角度较差(″)
图根	20	≤1/2 500×d	≤20	≤60

注：1 困难地区相邻点间边长较差应不大于 20 mm。

2 d 为相邻点间距离。

4.2 高程控制测量

4.2.1 地下管线高程控制测量的精度应不低于图根级水准的要求，当需要布设图根级以上控制点时应按现行行业标准《城市测量规范》CJJ/T 8 的要求加密等级控制点。

4.2.2 图根高程控制点测量可采用几何水准测量、电磁波测距三角高程测量或 GNSS 方法进行施测。

4.2.3 图根水准测量应符合下列规定：

1 图根水准测量可在二、三等水准点下加密，当二、三等水准点的密度不足时，应先进行四等水准加密，然后在四等水准基础上布设图根水准。图根水准点必须是路线上的转点，不得采用中间点。同级附合 2 次为限。

2 图根水准必须附合在 2 个已知的水准点上。

3 图根水准应布设成附合水准路线或闭合水准环，也可以是水准网。

4.2.4 几何水准测量应符合下列规定：

1 几何水准测量的主要技术要求应按表 4.2.4 执行。

表 4.2.4 几何水准测量主要技术要求

等级	路线长度(km)	视线长度(m)	每公里高差中误差(mm)	水准仪类型	水准尺类型	水准路线闭合差(mm)
图根	8	≤100	≤±20	S_{10}	双面	$\leqslant \pm 40\sqrt{L}$

注：L—水准路线的长度(km)。

2 在每测区外业开测前，应对水准仪的视准轴是否平行于水准轴(即 i 角)进行检验和校正，i 角的绝对值应小于 30″。

3 几何水准红黑面读数的常数差不得大于±3 mm；红黑面的高差之差不得大于±5 mm。

4 当布设水准网时，结点与高级点或结点与结点之间的长度不得大于 6 km。在困难条件下可布设图根水准支线，支线的长度不得大于 4 km，且必须往返观测。

4.2.5 图根高程导线测量应符合下列规定：

1 图根高程导线测量应起闭于不低于四等的水准点上，路线中各边均应对向观测，同级附合 1 次为限。

2 主要技术要求应按表 4.2.5 规定执行。

表 4.2.5 电磁波测距三角高程测量技术要求

等级	边数	仪器类型		中丝法测回数	垂直角互差指标差互差（″）	对向观测高差互差（mm）	高程路线闭合差（mm）
		测角仪器	测距仪器				
图根	25	DJ_6	Ⅱ级	对向 1 次	25	$100 \times S$	$\leqslant \pm 40\sqrt{L}$

注：S—边长（km）；L—三角高程路线的长度（km）。

3 必须在观测前后两次丈量仪器高和棱镜高，两次丈量的较差不大于±5 mm 时取中数。

4.2.6 GNSS 方法测定图根点高程应符合下列规定：

1 GNSS 高程测量首先应通过 GNSS 静态或动态的方法测出待测控制点的 WGS-84 大地坐标系坐标，选择利用城市似大地水准面精化模型的方法获取待测点正常高。

2 如没有城市似大地水准面模型，应用高程拟合法可作为 GNSS 高程测量的补充方法。

3 采用似大地水准面方法应符合下列要求：

1） 首先利用 GNSS 技术获取待测点 WGS-84 或 CGCS2000 大地坐标，然后根据城市区域似大地水准面模型计算出待测点的正常高。

2） 获取待测点 GNSS 大地高的方法有 RTK 方法和静态 GNSS 方法两种，仪器高应量测至毫米，具体的作业要求和方法应按本标准第 4.1.4 条和 4.1.5 条执行。

4 采用高程拟合方法应符合下列要求：

1） 城市区域地形起伏不大、较平坦地区宜采用平面拟合法;地形起伏较大、大范围区域宜采用二次多项式或曲面拟合法。

2）采用 GNSS 方法布设图根控制点,可联测不低于四等水准的高程控制点,通过二次多项式拟合的方法确定图根控制点的高程,联测高程点数不应少于 5 点,点位应均匀分布于测区范围。

3）如果拟合高程与已知高程差值不大于±5 cm,则拟合计算所得的成果可作为图根点高程。

4.2.7 RTK 高程测量技术要求应符合下列规定:

1 单基站 RTK 使用不同等级的控制点设置基准站,其起算点等级、作业半径应符合表 4.2.7 的规定,进行大地高测量作业前应使用同等级(或以上)的不同控制点进行校核,大地高或使用同一高程模型转换后的正常高较差应不大于 50 mm;网络 RTK 进行大地高测量作业前可不进行已知点校核。

表 4.2.7　GNSS RTK 高程测量技术要求

等级	相邻点间距离(m)	大地高较差(mm)	起算点大地高等级	流动站到单基准站间距离(km)	初始化次数	一次初始化读数次数
图根	≥100	≤30	四等及以上	≤10	≥4	≥2

注:1　网络 RTK 测量可不受起算点等级、流动站到单基准站间距离的限制但应在作业有效范围内。

2　困难地区图根控制点相邻点间距离可缩短至表中的 1/2。

2 RTK 大地高控制测量应采用三角支架方式架设流动站天线进行测量,数据采集时圆气泡应稳定居中。

3 RTK 大地高控制测量应在流动站持续显示固定解后开始观测,每点应独立初始化 4 次,每次采集 2 组观测数据,每组采集的时间不少于 10 s,8 组数据的大地高较差小于 30 mm 时取其平均值作为最终测量的大地高成果。

4 RTK 大地高控制测量在同一测区布点不得少于 3 点,对所测的成果应有不少于10%的重复抽样检查且检查点数不应少于3点，重复抽样检查应在当日临近收测时或隔日进行，且应重新进行独立初始化，重复抽样采集与初次采集大地高较差应小于50 mm。

5 RTK大地高控制测量成果使用前应对使用的测量成果采用几何水准或电磁波测距三角高程等方法进行相邻点高差检核，技术要求应符合表4.2.8的规定。

6 大地高测量成果与吴淞高程转换宜利用上海市似大地水准面精化成果，也可建立高程异常模型进行转换。

表4.2.8 RTK大地高控制测量高差检核测量技术要求

检测方法	几何水准	三角高程
检测方法等级	图根及以上	图根及以上
检测较差(mm)	$\leqslant 40\sqrt{L}$	$\leqslant 40\sqrt{S}$

注：1 L为水准检测线路长度(km)。小于0.5 km按0.5 km计。
2 S为三角高程点间边长(km)。小于0.5 km按0.5 km计。

5 地下管线跟踪测量

5.1 一般规定

5.1.1 地下管线跟踪测量应在管线施工中见管实测管线三维坐标并记录管线的相关属性。对于使用非开挖方式施工的地下管线应实测出土、入土点，并在施工完成后立即使用信标示踪法、惯性定位测量等方法实测管道三维轨迹，并转换为三维坐标。

5.1.2 如新建管线与原有管线连接，地下管线跟踪测量应测量连接点，宜测量连接点附近的原有管线到原有井室，以利于跟测数据入库接边处理。

5.1.3 地下管线平面位置的测量应符合下列规定：

1 地下管线平面位置的测量可采用 GNSS RTK、图根导线串测法或极坐标法，管线直线部分较长时，测点间距应不大于 75 m（非开挖施工的排水管线、示意连接除外）；管线弯曲时，应至少在圆弧的起、讫点和中点上各测 1 点；当圆弧较大时，应适当加设测点，以保证其弯曲特征。

2 极坐标法测量应以等级平面控制点、图根导线点（含支点）或 GNSS 布设的控制点为依据，测量控制点至被测管线点的水平角和距离，计算管线点的坐标。

1） 极坐标法测量技术要求应按表 5.1.3 执行。

表 5.1.3 极坐标法测量技术要求

角度测量		边长测量		
仪器类型	测回数	测距仪类型	测回数	最大边长(m)
DJ_6	半测回	Ⅱ级	1	150

2）定向宜用长边，从测站到测点的边长不应大于定向边长的 1.5 倍。

3 GNSS RTK 测量应符合下列要求：

1）利用 GNSS RTK 直接采集管线点时，其精度要求应符合本标准第 3.4.1 条的规定。

2）GNSS RTK 每点采集一组数据，连续测定 20 个管线点，需要重新初始化，并验证一个管线点的坐标重合差，较差不大于 8 cm，否则应查明原因，剔除超限点，重新测量。

5.1.4 地下管线高程测量应符合下列要求：

1 地下管线高程测量可采用几何水准、电磁波测距三角高程或 GNSS 测高的方法施测。

2 几何水准测量应符合下列要求：

1）几何水准测量可用等级水准点、图根水准点（含支点）为依据，测量水准点与被测管线点的高差，计算管线点的高程。视线长度应小于 120 m。

2）后视红黑面读至毫米，红黑面常数差不得大于±3 mm；前视黑面读至厘米，管线点高程应计算至厘米。

3 三角高程测量应符合下列要求：

1）三角高程测量可用等级水准点、图根水准点（含支点）为依据，用不低于 DJ_6 型全站仪进行单向观测。

2）垂直角应以中丝法测量半测回，读记至秒；距离测量一测回，读记至毫米。距离应小于 150 m。

3）必须在观测前后两次丈量仪器高和棱镜高，两次丈量的较差小于±5 mm 时取中数。

4）管线点高程应计算至厘米。

4 GNSS RTK 方法测量管线点高程应符合下列要求：

1）利用 GNSS RTK 测量管线点高程时，每点采集 1 组数据，采集时间应不少于 10 s，连续采集 20 组数据后，应重新初始化，验证一组数据的大地高较差，较差不大于50 mm。

2）将大地高转换为吴淞高程，宜使用上海市似大地水准面精化成果；如用高程拟合方法求取管线点高程应在临近水准点上进行正常高转换检测，水准点个数不少于3点，且应均匀分布于整个测区，水准点上GNSS测高成果值与已知高程差值不应大于±5 cm。

5.2 管线段测量

5.2.1 对于管道和线缆，应测量管道特征点，包括直线点、转折点（平面转折及变坡）、三通、四通、多通、分支点、变径点、变材点、出地点、上杆点、进出水口、起终点、非普点、指向点、接户点、闷头、井边点等。管线段相关属性应按照本标准附录D的要求记录。

5.2.2 给水、燃气、热力和工业管线等管道的测量应符合下列要求：

1 应测量给水、燃气、热力和工业管道中心的平面位置和管道外顶高程并记录管径、管材和施工方式，管径变换处应加测管径变径点的平面位置和高程。

2 箱涵宽度小于1.5 m，应测量外顶中心的平面位置和高程并记录断面尺寸；如宽度大于等于1.5 m，应测量外顶边线的平面位置和高程并记录断面高度。

3 与井室相连处不用测量井边点，井室内管道按照常规特征点测量。

5.2.3 排水管道的测量应符合下列要求：

1 圆形管道应测量管道中心的平面位置和管底高程，并记录管径、材质。

2 箱涵宽度小于1.5 m，应测量外顶中心的平面位置和管底高程并记录断面尺寸；如宽度大于等于1.5 m，应测量外顶边线的平面位置和管底高程并记录断面高度。

3 如两个井室间是 2 根或 2 根以上管道连接的，应测量井室边框并测量井边点。

5.2.4 各种缆线、预埋导管的测量应符合下列要求：

1 直埋（放式）电缆应测量盖板中心的平面位置、外顶高程，记录根数。电缆分支处应加测分支点的平面位置和高程。

2 电力、通信等导管应测量导管中心的平面位置和管顶高程，记录导管的孔数、套管材质及断面尺寸。

3 电力、通信等导管与面状井室连接处需加测井边点。如连接的是点状井室（点状井室定义见第 5.3.1 条）且与井盖相连偏差不大于 0.2 m，则直接连接井盖；如与点状井室连接处与井盖偏差大于 0.2 m，则应测量井边点。

4 电缆沟、电缆隧道、电缆桥的测量：

1）当电缆沟宽度小于 1.5 m，应测量电缆沟中心的平面位置、盖板外顶高程和断面尺寸；如电缆沟宽度大于等于 1.5 m，应测量外顶边线的平面位置和高程并记录断面高度。

2）测量电缆隧道的平面中心位置、隧道外顶高程和断面尺寸，如矩形隧道宽度大于等于 1.5 m，应测量外顶边线的平面位置和高程并记录断面高度。

3）应测量电缆桥的中心平面位置、外顶高程，记录孔数、材质。

5 电缆上杆、上墙的测量：

1）当电缆上杆时，应测出电杆的位置、电缆上杆的平面位置和地面高程。

2）当电缆上墙时，应测出露出地面的平面位置和地面高程。

6 合杆管线的测量：

1）合杆管线分支出的非共管管线，按照实际管线类别处理。

2）合杆管线与非共管管线连接处，按照不同类别分别设置管线点。

5.3 管线附属物测量

5.3.1 地下管线的附属物包括检修井(井室、井盖)、阀门、流量箱、消防栓、排水器、调压室、泵房、综合管廊的通风口、投料口等与管线相关的附属设施。地下管线的附属物按照尺寸分为点状附属物和面状附属物,当附属物长、宽均小于1.5 m或直径小于1.5 m时作为点状附属物,其他应作为面状附属物。附属物相关属性应按照本标准附录D的要求记录。各类地下管线常见附属物见表5.3.1。

表5.3.1 地下管线附属物

管线大类	管线小类	面状附属物分类	点状附属物分类
电力	所有小类	变电站、变电箱、井室	检修井(人井)、检修井(手井)、交通信号灯、广告灯箱、地灯、电箱、变电箱、电缆余线、沉降监测点、禁挖标志、警示桩、充电桩、通风口
通信	所有小类	工作室(地上)、井室	检修井(人井)、检修井(手井)、接线箱、光交箱、监视器、电话亭、发射塔、沉降监测点、通风口
给水	所有小类	井室、水池、水塔、泵站、水质监测箱	检修井、阀门井、流量井、卧式阀门井、阀门孔、消防栓、水表(流量箱)、排气装置、排污装置、测压装置、阀门、水质监测箱、市政公共取水器、沉降监测点、禁挖标志、警示桩、通风口
排水	所有小类	井室、泵站、沉淀池、化粪池、污水处理厂	窨井、暗井、雨污水篦、化粪池、格栅井、阀门井、禁挖标志、警示桩、通风口
燃气	所有小类	井室、调压站、门站、燃气柜(燃气堡)、阀室	阀门井、凝水井、计量井、卧式阀门井、阀门孔、阀门、牺牲阳极(阴极保护)、计量箱、涨缩器、信息球、测试桩、测压装置、调压箱、沉降监测点、禁挖标志、警示桩

续表5.3.1

管线大类	管线小类	面状附属物分类	点状附属物分类
工业	所有小类	井室、调压站、门站、储油储气柜(堡)、动力站、泵站、锅炉房、阀室	检修井、阀门井、阀门、牺牲阳极(阴极保护)、计量箱、排水器、涨缩器、测试桩、测压装置、通风口、放气点、沉降监测点、禁挖标志、警示桩
热力	所有小类	井室、锅炉房	检修井、阀门井、安全阀、涨缩器、测压装置、阀门、沉降监测点、禁挖标志、警示桩
其他	管廊	综合管廊廊(沟)体、小室、井室、通风口、出入口、投料口	沉降监测点、禁挖标志、警示桩、通风口、出入口、投料口
	合杆	井室	检修井(人井)、检修井(手井)
	不明	不明井室、通风口	不明井、沉降监测点、禁挖标志、警示桩

5.3.2 阀门、流量箱、放气点、排水器等连接在管线上的附属物(部件),如不在井室中或虽在井室中但与井盖位置偏离较大,应测定其几何中心的平面位置和与管道连接处的外顶高程。如部件在点状井室中或位于面状井室中但与井盖位置基本重合,只表示井室不表示部件。

5.3.3 其余点状附属物(路灯、消防栓、信号灯、电箱、分线箱、检修井等)应测定其几何中心(有井盖的测井盖中心)的平面位置和地面的高程。与路灯、消防栓、信号灯、电箱等附属物相连的管线应实测到附属物的下方,高程取管线与附属物地下部分相连的外顶高程。

5.3.4 地下面状附属物的测量应包括下列内容:

1 测量附属物外框点的平面位置。

2 测量井盖几何中心的平面位置和高程,宜测量井盖的形状和尺寸。

3 条形或多边形的井盖在整个井盖范围中心测量高程。

4 测量井室的内底和内顶高程。

5.3.5 地上面状附属物的测量应包括下列内容：

1 实测地上构筑物的轮廓。

2 记录地上构筑物的类别。

5.4 综合管廊测量

5.4.1 综合管廊应在施工中测量外壁的平面位置、外顶高程并记录测量点外顶到内底的高度，在图形中以三维多义线闭合的面状表示。综合管廊本体有不规则突起的部分时，应作为小室单独测设，并与主体合并表示管廊的外轮廓。

5.4.2 综合管廊的附属物应按照本标准第 5.3.4 条、第 5.3.5 条的要求测绘。

5.4.3 综合管廊的相关属性应按照本标准附录 D 的要求记录。

5.5 地下管线埋深测量

5.5.1 地下管线的埋深是了解管线空间位置的重要信息，埋深可通过下列方法测量：

1 实测埋深：见管实测管线高程并测量地面高程后计算管线埋深、仪器探查得到埋深或实际量测埋深。

2 概略埋深：见管实测管线高程并使用地面 DEM 计算管线埋深，应记录概略埋深计算时间。

3 排水管线埋深为地面到管底的垂距，其余管线埋深为地面到管顶的垂距。

3 当地面高程发生变化，埋深数据应及时更新。

5.6 地下管线断面测量

5.6.1 断面测量应测定横断面。横断面的位置应选择在主要道路、有代表性的断面上，每幅图不少于 2 个断面，断面图比例尺为 1∶100～1∶500。

5.6.2 横断面测量应垂直于现有的道路布置，除测定管线点的平面位置、高程外，还应测定道路的特征点、地面高程变化、各种设施及建(构)筑物边沿。

5.7 非开挖管线测量

5.7.1 非开挖技术工艺铺设的管线，应实测管线出土点、入土点的三维坐标，并收集管线材质、内外径尺寸、埋设时间、功能用途等相关信息；管线施工结束保留工作井室的，应实测工作井室外壁平面位置、顶壁高程、内底高程和断面尺寸；对于出、入土点之间是直线的非开挖铺设管线，应测量端点三维坐标，并在测量成果图上用直线连接。

5.7.2 非开挖管线的轨迹是曲线的，除端点以外，还应测量管线折点的三维坐标；折点测量必须保证一定的采样频率，使得采样点的连线足以描述管线形状，并体现每一个折点信息；在出、入土点附近等管位变化较大的管段，应增加采样频率。曲线铺设的非开挖测量点间距应不大于 15 m。

5.7.3 在非开挖施工中进行跟踪测量的，可实测地面导向点的三维坐标、记录导向点对应的深度数据，换算成与平面位置对应的管线三维坐标。

5.7.4 采用非开挖工艺施工的通信、电力管线，可通过排管出入口采用信标示踪法进行测量。对于金属管道、过河管道、埋设深度超过 5 m 或周边信号干扰较大的管道，宜采用惯性定位仪法获得精度较高的管线空间位置。

5.7.5 非开挖管线测量的精度要求应按本标准第 3.4.3 条的规定执行。

6　地下管线探测

6.1　一般规定

6.1.1　地下管线探测的对象包括埋设于探查范围内的电力、通信、给水、排水、燃气、热力、工业、综合管廊等各种管线以及其他特殊或不明金属管线。

6.1.2　地下管线测绘应以跟踪测量为主要手段来获取准确可靠的成果；对于因未及时得到施工信息，造成管线施工中未能见管跟踪测量的，应及时使用探测的方法作为补救方法测绘管线成果，并在属性中记录该成果通过探测获得。本市地下管线测绘以跟踪测量为主，严格控制探测方法的使用。

6.1.3　地下管线探查应现场确定目标管线在地面上的投影位置及其埋深，在管线特征点的地面投影位置上设置管线点。并应按本标准附录D的要求查明相应管线的属性。

6.1.4　地下管线探查应在充分收集和分析已有相关资料的基础上，采用实地调查与地球物理探查相结合的方式进行。

6.1.5　地下管线探测应进行成果质量检查与评价。

6.1.6　地下管线探测的取舍要求应符合本标准表3.6.3的规定。

6.1.7　管线探查点的测量要求与本标准第5.1.2条及第5.1.3条相同，地下管线探查点及管线明显点的测量精度应符合本标准第3.4.2条的规定。

6.1.8　非开挖施工管线的探查要求与本标准第5.7节相同。

6.2 资料收集与实地调查

6.2.1 已有地下管线资料的调绘工作应在测区地下管线探查工作开展前完成。应包括下列内容：

1 收集已有地下管线资料。

2 分类、整理所收集的已有地下管线资料。

3 编绘地下管线现状调绘图。

6.2.2 资料收集宜包括下列内容：

1 地下管线设计图、施工图、竣工图、示意图、竣工测量成果或已有地下管线普查和探查成果。

2 技术说明资料及地下管线成果表。

3 规划道路红线图。

4 现有基本比例尺地形图。

6.2.3 地下管线实地调查项目应按表 6.2.3 执行。

表 6.2.3 地下管线实地调查项目

管线类别		埋深		断面		根（孔）	材质	附属物	偏距	载体特征			埋设年代	权属单位
		内底	外顶	管径	宽×高					压力	流向	电压		
电力	管块		○		○	○	○	○	○			○	○	○
	沟道	○			○	○	○	○	○			○	○	○
	直埋		○			○	○	○	○			○	○	○
	管埋		○		○	○	○	○	○			○	○	○
通信	管块		○		○	○	○	○	○				○	○
	沟道	○			○	○	○	○	○				○	○
	直埋		○			○	○	○	○				○	○
	管埋		○		○	○	○	○	○			○	○	○
给水			○	○			○	○	○				○	○

续表6.2.3

管线类别		埋深		断面		根（孔）	材质	附属物	偏距	载体特征			埋设年代	权属单位
		内底	外顶	管径	宽×高					压力	流向	电压		
排水	管道	○		○			○	○	○		○		○	○
	沟道	○			○		○	○	○		○		○	○
燃气			○	○			○	○	○	○			○	○
工业	压力		○	○			○	○	○	○	○		○	○
	自流	○		○			○	○	○		○		○	○
	沟道	○			○		○	○	○		○		○	○
热力			○	○			○	○	○				○	○
其他	管廊	○	○		○		○	○	○				○	○
	合杆		○		○	○	○	○	○			○	○	○
	不明		○					○	○					

注：“○”代表应调查项。

6.3 地下管线探查方法与技术

6.3.1 地下管线探查应符合下列原则：

1 从已知到未知。

2 从简单到复杂。

3 优先采用轻便、有效、快速、成本低的方法。

4 复杂条件下宜采用多种探查方法相互验证。

6.3.2 地下管线探查工作鼓励采用新技术、新方法和新仪器，地下管线探查前应进行仪器一致性校验。

6.3.3 探查方法可选用电磁感应法、地质雷达法、弹性波法、井中磁梯度法、高密度电阻率法、信标示踪法、惯性定位测量法等。选用的探测方法应符合下列要求：

1 被探查的地下管线与其周围介质之间在某一物性上有明

显差异。

2 所采用的方法能获取地下管线所产生的异常特征，并能进行定量分析和属性判断。

3 具备抗干扰能力，在原始数据或处理后的数据中能分辨出被测地下管线所产生的异常。

6.3.4 在盲区探查管线时，应先采用主动源法及被动源法进行搜索，搜索方法有平行搜索法及圆形搜索法。发现异常后宜用主动源法进行追踪，精确定位、定深。

6.3.5 地下管线平面位置和埋深的确定应符合下列规定：

1 用管线仪定位时，可采用极大值法或极小值法；两种方法宜综合应用，对比分析，确定管线平面位置。

2 用管线仪定深可采用特征点法、直读法及45°法；定深点宜选择在探查条件较好、管线分布较简单的地区，以克服其他管线或外界条件的干扰。

6.3.6 对良性传导管线宜采用有源法探查，探查方法可选择感应法、夹钳法、单端连接法或双端连接法，在管线密集地段，宜采用2种或2种以上方法进行验证，以及在不同的地点采用不同的信号加载方式进行验证；对非良性传导管线宜采用电磁波法、示踪电磁法、打样洞法或开挖法探查。

6.3.7 探查近间距并行管线可选择夹钳法、倾斜压线法、垂直压线法和水平压线法。现场管线有出露时，应优先选择夹钳法探查。现场管线无出露时，应优先选择倾斜压线法探查。采用倾斜压线法探查时，宜选择较高的工作频率。采用水平压线法探查管道时，如果目标管线上有窨井，应优先选择将发射机放在窨井中，并选择较高的发射频率进行信号激发。探查电缆时，宜选用较低的发射频率。

6.3.8 探查深大管线宜选择瞬态瑞雷面波法，并辅以井中磁梯度进行验证定位。

6.3.9 采用地质雷达探查非金属管线时，应在探查点附近的已知管线上作雷达剖面以确定介电常数和波速。

6.3.10 地下管线的探测间距一般不应大于 75 m，对表征管线走向及连接方式的特征点处应加测探测点。

6.3.11 对于非开挖管线的探测要求与本标准第 5.7 节的要求一致。

6.4 探查仪器要求

6.4.1 探查金属地下管线宜选用电磁感应类管线探测仪器，地下管线探测仪应具备下列性能：

1 能获得较明显的地下管线异常信号。

2 能区分地下管线产生的信号和干扰信号。

3 探查精度符合本标准第 3.4.2 条的要求，并对相邻管线有较强的分辨能力。

4 发射功率或磁矩能符合探测深度的要求。

5 有多种发射频率可供选择。

6 能观测多个异常参数。

7 性能稳定，重复性好。

8 结构坚固，密封良好，能在－10 ℃～＋45 ℃的气温条件下和潮湿的环境中正常工作。

9 仪器轻便，有良好的显示功能，操作简便。

6.4.2 非电磁感应类管线探测仪器（如地质雷达、浅层地震仪、电法仪、磁力仪等）性能应符合现行行业标准《城市工程地球物理探测规范》CJJ 7 的要求。

6.4.3 对新购置或经过大修或长期停用后重新启用的仪器，在探测前应作全面检查和校验。

7 地下管线数据处理与管线图编绘

7.1 一般规定

7.1.1 地下管线数据处理应包括下列内容：

1 录入或导入测区范围内的地下管线测量成果资料。

2 进行数据转换、检查和处理，构成元数据文件。

3 形成图形文件和属性文件。

4 对形成的图形文件进行编绘，构建拓扑关系。

5 将管线的属性文件录入到对应的图形文件。

6 对图幅间、测区间、新测绘成果与原有成果进行接边。

7 添加管线扯旗、管线简注、道路名等非管线图形信息。

8 对形成的管线图进行检查。

7.1.2 数据处理应符合下列要求：

1 管线分类满足本标准表 3.6.1 的规定。

2 管线属性满足本标准附录 D 的规定。

3 管线图形表达符合本标准附录 B 的规定。

4 消除管线间的接边矛盾。

5 图幅编辑、修改、注记等清晰明了。

6 图面取舍合理，并能按需要、按附属物的实际位置进行标注。

7.1.3 数据检查宜采用专用的软件进行，检查的对象包括管线测量数据、图形、属性及其相应的元数据。对检查出的错误应进行核查、改正，改正后应重新进行检查。检查工作应贯穿于数据处理工作的每个阶段。

7.1.4 地下管线图的编绘应符合下列要求：

1 数字地下管线图可分为数字地下管线竣工图、数字地下综合管线图等。

2 编绘数字地下管线图必须采用竣工图、跟踪测量和探测收集的地下管线资料。

3 管线图文字注记应按表 7.1.4 执行。

表 7.1.4 地下管线图注记标准

类型	方式	字体	字高	说明
管线点号	字符、数字混合	正等线体	0.7	
管线扯旗	汉字、数字混合	正等线体	1.0	
管线简注	数字	正等线体	0.7	
道路名称	汉字	正等线体	2.0，2.5，3.0	根据路宽选择字高
断面号	罗马数字	正等线体	2.5	由断面起、讫点号构成断面号 J-J′
放大图号	数字	空心字	2.5	

注：表中的字高在 1∶500 图上比例为 1；在其他比例尺图上应作相应的缩放。

7.2 地下管线数据处理与成图

7.2.1 将地下管线测量成果数据录入或导入软件，根据本标准附录 B 的要求，形成由管线测点、管线特征点、管线附属物、管线线、管线构筑物组成的管线图形文件。

7.2.2 图形文件中的管线点、管线线、管线面、管线注记应分别置于层名由“管线大类代号＋管线小类代号＋管线要素类型代号”组成的图层。

1 管线代码应按表 3.6.1 表示。

2　管线要素类型代号应按表 7.2.2 表示。

表 7.2.2　管线要素类型代号

管线要素类型	管线点	管线线	管线面	管线注记
代号	P	L	A	T

7.2.3　图形文件中管线端点高程所代表的位置应与本标准第 5.2～5.4 节的要求相一致。

7.2.4　应根据本标准附录 D 的要求，对管线点、线、面录入属性。

7.2.5　管线图形中的弧段必须拟合成短直线，拟合的短直线与弧段的最大偏离值不得大于 50 mm。

7.2.6　根据测量精度，三维长度小于等于图上 0.1 mm 的线应作合并或删除处理。

7.2.7　面类实体必须用一条闭合的多义线表示，不得用多段散线表示。

7.2.8　每段管线的两个端点位置必须有两个该类型的管点实体分别对应管线的起点和终点；如果该段管线线上还存在该类型的其他管点实体，则必须从其他管点位置把该段管线打断为多段管线，确保一线两点。

7.2.9　管线与井室相接处应处理管线端点至井室边线上。

7.2.10　添加辅助线时高程值应正确，宜采用不同颜色或属性与其所表达的主要管线区分开。

7.3　数字地下管线竣工图编绘

7.3.1　数字地下管线竣工图的编绘应采用跟踪测量或探测获得的数据。

7.3.2　各类管线应按照本专业的特性在数字地下管线竣工图内按表 7.3.2 标注有关的非图形信息。

表 7.3.2 扯旗注记表示内容

管线大类	管线小类	表示内容
电力	全部小类	管线小类＋压力等级＋孔数/根数＋材质＋高程(或埋深)＋埋设日期(或工程执照号)
通信	全部小类	管线小类＋孔数/根数＋材质＋高程(或埋深)＋埋设日期(或工程执照号)
给水	全部小类	管线小类＋管径(断面尺寸)＋材质＋高程(或埋深)＋埋设日期(或工程执照号)
排水	全部小类	管线小类＋管径(断面尺寸)＋材质＋高程(或埋深)＋埋设日期(或工程执照号)
燃气	全部小类	管线小类＋压力等级＋管径＋材质＋高程(或埋深)＋埋设日期(或工程执照号)
工业	全部小类	管线小类＋管径＋材质＋高程(或埋深)＋埋设日期(或工程执照号)
热力	全部小类	管线小类＋管径＋材质＋高程(或埋深)＋埋设日期(或工程执照号)
其他	管廊	管线小类＋材质＋高程(或埋深)＋埋设日期(或工程规划许可证号)
	合杆	管线小类＋孔数/根数＋材质＋高程(或埋深)＋埋设日期(或工程执照号)
	不明	管线小类＋高程(或埋深)

7.4 地下综合管线图编绘

7.4.1 地下综合管线图编绘前应取得下列资料：

1 地下管线竣工图及其数据盘片。

2 外业跟踪测量、探测的成果。

3 原有的地下综合管线图。

4 现势的数字地形图。

7.4.2 地下综合管线图的表示范围和取舍标准应符合下列要求：

1 地下综合管线图的表示范围应为市区道路、郊区公路及规划道路内和穿过机关、学校、企业、事业单位、街坊、农田等地块向外贯通的地下管线。

2 地下综合管线图取舍标准应符合本标准表 3.6.3 的规定。对于进入机关、学校、企业、事业单位、街坊等地块内部的地下管线，应按规则保留：给水、燃气到入口处为止；排水到第一个连接井为止；电力到变电室为止；通信到交接箱为止。

7.4.3 地下综合管线图的编绘应采用地下管线所在地最大比例尺现势的数字地形图。

7.4.4 编绘时，应将数字地下管线竣工图与数字地形图上（或原有的数字地下综合管线图）的同位固定地物点、管线附属物进行核对，其位置误差应符合下列要求：

1 固定地物点在图上的重合误差不应大于图上 0.4 mm。

2 地下管线附属物在图上沿道路横向重合误差不应大于图上 0.4 mm。

3 地下管线附属物在图上沿道路纵向重合误差不应大于图上 0.8 mm。

7.4.5 符合本标准第 7.4.4 条要求的数字地下管线竣工图的数据，应按图式的要求生成地下管线图形，并注记地下管线的非图形信息，形成数字地下综合管线图。

7.4.6 表示非图形信息的注记应符合下列要求：

1 表示非图形信息的注记应以图幅为单位，不得跨越图幅。

2 路名注记可沿用数字地形图的路名及其注记格式。

3 管线扯旗的注记宜平行于道路，位置宜选择在管线所在图幅路段的适中部位。管线扯旗的扯旗引线应与道路该处的所有管线相交。注记应整齐、紧凑、清晰，避免压盖过多的地貌地物。注记的格式和内容应为：

1) 注记格式应符合本标准第 7.3.2 条的要求。

2）管线类别应使用本标准表 3.6.1 中的小类。

3）管径应以毫米为单位。横截面为蛋形、拱形或马蹄形的管道，两个管径数字间应加“×”符号连接；电缆沟、电缆隧道、地下构筑物注记高×宽。

4）直埋电缆应注记根数，导管应注记孔数，根数除注记数字外必须加注“根”字，孔数除注记数字外必须加注“孔”字。

5）高程（或埋深）注记应以米为单位，注至厘米；有高程的注记高程，以 H＋高程标注；没有高程的则标注埋深，以 S＋埋深标注。

6）电力管线中的路灯、交通信号、景观灯线不应标注压力等级。

7）材质注记中通信及电力排管注记套管材质，无套管材质的注记管线材质。

8）优先注记埋设日期。如无埋设时间，有工程执照号小于 10 个字符就全注，有的规划许可证号太长的如“沪嘉政（2013）FC3101142013 ****”，注到年份——“沪嘉政（2013）”。

4 管线简注主要用于注记管线扯旗未能涉及的重要分支管线，应平行于管线，位置宜选择在图幅内管线的适中位置，不得压盖管线；应注记管线根（或孔）数、管径（或断面尺寸）；监控、路灯、交通信号灯管线不做简注及变换分界注记；分支管线中与雨污水篦相接的排水管、与消防栓相接的上水管不做简注；管线在变径点、导管孔数变换分界、管径变换分界一侧没有扯旗注记的，只须注记一个简注。

7.4.7 地下综合管线图编制完成后，必须与相邻的地下综合管线图进行接边。

7.4.8 地下综合管线图编绘时，若管线之间出现不合理的情况，应摘录问题并到实地检测。

7.5 局部放大示意图及断面图编绘

7.5.1 放大比例尺应按图面内容不作任何取舍和移位能表示清楚的原则进行选定。放大示意图中管线及管线附属物应放置在与本标准定义无关的层次中。

7.5.2 断面图表示的内容应包括地面地形变化、地面高、管线与断面相交的地上、地下建(构)筑物、路边线、各种管线的位置及相对关系、埋深、断面几何尺寸、断面号等,断面比例尺的选定应按图上不作任何取舍和移位能表示清楚上述内容为原则选定。

7.5.3 断面图的各种管道,图上尺寸小于 3 mm 的,应以 3 mm 直径的空心圆表示;图上尺寸大于 3 mm 的,应按比例绘示。直埋电缆应以 1 mm 的实心圆表示。管沟、方沟在图上尺寸小于 4 mm 的,应以 4 mm×4 mm 的正方形表示;图上尺寸大于 4 mm 的,应按比例绘示。各种建(构)筑物应按实际比例绘示。

8 成果检查验收、提交和入库

8.1 一般规定

8.1.1 测绘单位在管线测绘过程中应进行质量控制，管线测绘成果应依次通过测绘作业部门的过程检查、测绘单位质量检查部门的最终检查，各级质量检查必须独立、按顺序进行并形成检查记录，不应省略、代替或颠倒顺序。管线测绘成果经两级检查合格后，测绘单位应编制检查报告，并对检查中发现的质量问题进行处理。

8.1.2 管线测绘成果应由项目管理单位组织验收或委托具有资质的质量检验机构进行质量验收，不得采用材料验收、会议验收方式替代测绘质检机构的质量检验。

8.1.3 管线跟踪测量项目应按照市测绘地理信息主管部门要求接受监督检查。

8.2 成果检查验收

8.2.1 管线测绘成果和数据库成果的检查验收与质量评定，应按现行国家标准《测绘成果质量检查与验收》GB/T 24356 和现行行业标准《管线测量成果质量检验技术规程》CH/T 1033 等执行。

8.2.2 提交质量检查验收的管线测绘成果，应包括下列内容：

1 资料目录。

2 工作依据资料：包括任务书或合同书、技术设计书等。

3 项目凭证资料：包括所利用的已有成果资料、坐标和高程起算资料及仪器检验、检定或校准证书等。

4 原始记录:包括控制点和管线点的测量观测记录和计算资料、管线点探查及附属物调查量测记录等。

5 管线测绘单位的两级质量检查记录、质量检查报告等。

6 成果资料:包括技术总结或成果报告书、管线成果表、管线图形或数据库文件和属性数据文件等。

7 其他相关资料。

8.2.3 提交检查验收的地下管线测绘成果资料应齐全。

8.2.4 成果检查验收的主要内容包括:

1 控制测量精度的检查应按现行行业标准《高程控制测量成果质量检验技术规程》CH/T 1021 和《平面控制测量成果质量检验技术规程》CH/T 1022 等执行。平面控制检查内容包括点位中误差、边长相对中误差等;高程控制检查内容包括每千米偶然中误差,每千米全中误差,最弱点高程中误差,附合路线、环闭合差等。

2 管线图质量的检查内容包括数学精度、地理精度、逻辑一致性和整饰质量。

3 资料质量的检查内容包括资料完整性和整饰规整性。

8.2.5 地下管线跟踪测量见管实测成果,在符合外业数学精度检测条件时,应采用测量方式进行检测,数学精度检测及计算按照现行国家标准《测绘成果质量检查与验收》GB/T 24356 及相关规定执行。

8.2.6 地下管线探查成果应采用明显管线点重复调查、隐蔽管线点重复探查方式进行质量检查。质量检查时应在测区明显管线点和隐蔽管线点中分别随机抽取不少于各自总点数的 5%,抽取的管线点应具代表性且在测区内分布均匀,检查内容应包括探查的几何精度检查和属性调查结果检查。

8.2.7 管线探查成果的管线点几何精度检查应包括隐蔽管线点和明显管线点的检查。对隐蔽管线点应复查地下管线的水平位置和埋深，对明显管线点应复查地下管线的埋深，任一项检查结果中发现粗差的比例超过5%为不合格产品。根据重复探查结果，按公式(8.2.7-1)～公式(8.2.7-3)分别计算隐蔽管线点平面位置中误差 m_{ts}、埋深中误差 m_{th} 和明显管线点的量测埋深中误差 m_{td}。m_{ts} 和 m_{th} 不应大于 $0.5\delta_{ts}$ 和 $0.5\delta_{th}$，m_{td} 不应大于±25 mm。δ_{ts} 和 δ_{th} 分别按公式(8.2.7-4)和公式(8.2.7-5)计算，其中粗差不参与中误差计算。

$$m_{ts} = \pm\sqrt{\frac{\sum \Delta S_{ti}^2}{2n_1}} \quad (i = 1 \sim n_1) \qquad (8.2.7\text{-}1)$$

$$m_{th} = \pm\sqrt{\frac{\sum \Delta h_{ti}^2}{2n_1}} \quad (i = 1 \sim n_1) \qquad (8.2.7\text{-}2)$$

$$m_{td} = \pm\sqrt{\frac{\sum \Delta d_{ti}^2}{2n_2}} \quad (i = 1 \sim n_2) \qquad (8.2.7\text{-}3)$$

$$\delta_{ts} = \frac{0.10}{n_1}\sum_{i=1}^{n_1} h_i \qquad (8.2.7\text{-}4)$$

式中：Δs_{ti} ——隐蔽管线点的平面位置偏差(cm)；

Δh_{ti} ——隐蔽管线点的埋深偏差(cm)；

Δd_{ti} ——明显管线点的埋深偏差(cm)；

δ_{ts} ——隐蔽管线点重复探查平面位置限差(cm)；

δ_{th} ——隐蔽管线点重复探查埋深限差(cm)；

n_1 —— 隐蔽管线点检查点数；

n_2 —— 明显管线点检查点数；

h_i ——各检查点管线中心埋深(cm)，当 h_i<100 cm 时，取 h_i=100 cm。

8.2.8 成果质量采用错漏扣分法进行评分并评定质量等级，以成果样本质量等级作为批成果质量等级。检查验收工作完成后，应按照相关规定要求编写检查验收报告。

8.2.9 经检查判为合格的管线成果，管线测绘单位或部门应对检验中发现的质量问题进行处理，然后进行复查。经检查评为不合格的管线成果，应由管线测绘单位或部门返工处理后重新检验。

8.3 成果提交

8.3.1 提交用户成果资料应按任务书或合同书的规定提交全部成果。

8.3.2 管线测绘单位资料归档应包括本标准第8.2.2条的全部内容。

8.3.3 成果提交应列出清单或目录，移交时应办理交接手续。

8.4 成果数据入库

8.4.1 管线数据库应包括符合测绘生产和实际应用需求的地下管线元数据内容。

8.4.2 成果数据在入库前应进行完整性、一致性逻辑检查，并对测绘成果与相邻管线之间的位置关系进行检查。

8.4.3 成果数据检查的内容应包括以下内容：

1 地下管线数据分层应正确，图形要素不应有重复或遗漏。

2 地下管线属性要素分类与代码应正确，属性项和属性值应完整、正确。

3 元数据的内容应完整、正确。

4 管线点、管线线、构筑物的空间拓扑应正确，三者之间的连接关系正确。

附录A　图幅分幅与编号

A.0.1　上海平面坐标系统以国际饭店楼顶的旗杆中心为坐标原点,通过该点的真子午线为纵坐标轴 X,通过该点与 X 轴垂直的直线为横坐标轴 Y。

A.0.2　上海平面坐标系统分成四个象限:东北象限为第一象限,东南象限为第二象限,西南象限为第三象限,西北象限为第四象限。象限的标识见表 A.0.2。

第一象限:X 坐标值为正,Y 坐标值为正;

第二象限:X 坐标值为负,Y 坐标值为正;

第三象限:X 坐标值为负,Y 坐标值为负;

第四象限:X 坐标值为正,Y 坐标值为负。

表 A.0.2　图幅象限标识

地图类别＼象限		第一象限	第二象限	第三象限	第四象限
地下管线图		Ⅰ	Ⅱ	Ⅲ	Ⅳ
地下管线电子文件	1∶500	A	B	C	D
	1∶1 000	E	F	G	H
	1∶2 000	I	J	K	L

A.0.3　图幅标识及数据文件命名:

1　地下管线图编号应以 1∶500 比例尺图为基础,由坐标原点沿 X 轴向北和向南每隔 200 m 间隔依次用数字编号;由坐标原点沿 Y 轴向东和向西每隔 250 m 间隔依次用数字编号。对于任一1∶500 地下管线图标识,应用象限标识、纵向编号、斜线和横向编号表示。1 幅 1∶1 000 和 1∶2 000 地下管线图分别由 2×2

幅和4×4幅1∶500管线图组成,1∶1 000、1∶2 000地下管线图的标识用象限标识、2幅和4幅1∶500管线图的纵横向起讫编号组成,纵向起讫编号和横向起讫编号之间用斜线分割,纵横向起讫编号之间用中划线连接。

2 对于任一1∶500数字地下管线图数据文件,应用象限标识、纵向编号、管线类型标识(数字地下管线竣工图用Z、数字地下综合管线图用G)和横向编号命名。1∶1 000、1∶2 000数字地下管线图数据文件名应由象限标识、纵向2幅及4幅1∶500数字地下管线图的起始编号、管线类型标识和横向2幅及4幅1∶500数字地下管线图的起始编号组成。

A.0.4 图例:

1 甲图幅为1∶500比例尺图幅,管线图标识为Ⅲ2/4,数字地下管线竣工图数据文件命名为C002Z004,数字地下综合管线图数据文件为C002G004。

2 乙图幅为1∶1 000比例尺图幅,管线图标识为Ⅳ3-4/1-2,数字地下管线竣工图数据文件命名为H003Z001,数字地下综合管线图数据文件命名为H003G001。

3 丙图幅为1∶2 000比例尺图幅,管线图标识为Ⅱ1-4/5-8,数字地下管线竣工图数据文件命名为J001Z005,数字地下综合管线图数据文件命名为J001G005。

Ⅳ							乙	4							Ⅰ
								3							
								2							
8	7	6	5	4	3	2	1	1	2	3	4	5	6	7	8
								1							
				甲				2							
								3						丙	
								4							
Ⅲ								5							Ⅱ

附录B 上海市地下管线图图式

彩图下载

管线种类	图 例	线 型	色值(R, G, B)	说 明
B.1 管线线				
B.1.1 地下管线实测线				
1 电力	——————	实线	红色(255, 0, 0)	按导管中心绘示
2 通信	——————	实线	绿色(0, 255, 0)	按导管中心绘示
3 给水	——————	实线	蓝色(0, 0, 255)	按管道中心绘示
4 燃气	——————	实线	洋红(255, 0, 255)	按管道中心绘示
5 排水	——————	实线	棕色(127, 0, 0)	按管道中心绘示
6 热力	——————	实线	橘黄(255, 128, 0)	按管道中心绘示
7 工业	——————	实线	青色(0, 255, 255)	按管道中心绘示

续表

管线种类	图　例	线　型	色值(R, G, B)	说　明
8　综合管沟		dash1	红色(255, 0, 0)	实测外墙宽度，闭合线线宽均为0.3 mm；中心线为黑色
9　合杆管线		实线	棕红色(255, 127, 127)	按管道中心绘示
10　不明管线		实线	紫色(127, 0, 255)	按管道中心绘示
11　非开挖管线		点划线	随管线类别	实线部分和虚线部分比例为2∶1
B.1.2　出地管线实测线		虚线	随管线类别	实线部分和虚线部分比例为1∶1
B.1.3　特例管线				
1　示意连接线		组合线型	随管线类别	“□”在实线上标记位置比例为7∶1
2　废弃管线		组合线型	随管线类别	“×”在实线上标记位置比例为7∶1
3　井内连线	不可见			
4　虚拟管线	不可见			

续表

符号名称	图　例	颜色(号)	定位点	CAD块名	说　　明
B.2　管线测点					
B.2.1　实测点	1.0	随管线颜色	几何中心	sur	见管实测加实测点符号
B.2.2　探查点	1.0	随管线颜色	几何中心	det	探查测量加探查点符号
B.2.3　辅助点	0.1	随管线颜色	几何中心	xnd	不出图
B.3　管线特征点					
B.3.1　电缆分支点	0.4	黑色(7)	几何中心	FZD	在电缆分线处绘示
B.3.2　给水/燃气变换分界	150　3.0　1.0　200	黑色(7)	几何中心	BHFJ	平行管线
B.3.3　进出水口	2.0	黑色(7)	几何中心	JCSK	方向正北
B.3.4　管线指向	>	黑色(7)	夹角顶点	ZX	符号平行管线，指因条件限制无法继续测绘，该点做管线方向的示意
B.3.5　非普点	1.0	黑色(7)	圆的几何中心	FPD	超出管线规定调查的区域，平行管线
B.3.6　上墙/出地	2.0	黑色(7)	竖线底部	CD	方向正北
B.3.7　上杆		黑色(7)	竖线底部	SG	方向正北
B.3.8　井边点	1.0	黑色(7)	圆的几何中心	JBD	方向正北

续表

符号名称	图　例	颜色(号)	定位点	CAD块名	说　　明
B.3.9　闷头(预留口)	1.0 2.0 1.0	黑色(7)	左侧竖线中心	MT	长线端垂直管线
B.3.10　流向	>	黑色(7)	夹角顶点	LX	平行于管线
B.3.11　导管孔数变换分界	▷	黑色(7)	右夹角顶点	KSFJ	平行于管线,在孔数少的一侧指向多的一侧
B.3.12　接户井	0.5 2.0 1.0	黑色(7)	左侧竖线中心	JH	平行于管线
B.4　管线附属物					
B.4.1　电力检修井					
1　人井	2.0	黑色(7)	几何中心	LJXJ	方向正北
2　手井	2.0	黑色(7)	几何中心	LSK	方向正北
B.4.2　通信检修井					
1　人井	2.0	黑色(7)	几何中心	DJXJ	方向正北
2　手井	2.0	黑色(7)	几何中心	DSK	方向正北
B.4.3　给水检修井	2.0	黑色(7)	几何中心	SJXJ	方向正北
B.4.4　燃气检修井	2.0	黑色(7)	几何中心	MJXJ	方向正北

续表

符号名称	图 例	颜色(号)	定位点	CAD 块名	说 明
B.4.5 排水检修井					
1 雨水/污水/合流	2.0	黑色(7)	几何中心	XJXJ	方向正北
2 暗井	2.0	黑色(7)	几何中心	AJ	方向正北
B.4.6 工业检修井	2.0	黑色(7)	几何中心	TJXJ	方向正北
B.4.7 热力检修井	2.0	黑色(7)	几何中心	RJXJ	方向正北
B.4.8 不明用途	2.0	黑色(7)	几何中心	BJXJ	方向正北
B.4.9 合杆管线检修井					
1 人井	2.0	黑色(7)	几何中心	JJXJ	方向正北
2 手井	2.0	黑色(7)	几何中心	HSK	方向正北
B.4.10 水质监测箱	1.5 1.0	黑色(7)	底部中心	SZJC	方向正北
B.4.11 大阀门	3.0 1.6	黑色(7)	圆的几何中心	DFM	方向正北
B.4.12 消防栓	3.6 2.0	黑色(7)	圆的几何中心	XFS	方向正北
B.4.13 流量箱/计算箱	1.0 1.0	黑色(7)	几何中心	SB	平行管线

续表

符号名称	图　例	颜色(号)	定位点	CAD 块名	说　明
B.4.14　阀门孔	1.0	黑色(7)	几何中心	XFM	方向正北
B.4.15　测压装置	1.0	黑色(7)	几何中心	CYZZ	方向正北
B.4.16　放气点(排气装置)	1.0 1.0	黑色(7)	几何中心	FQD	平行管线
B.4.17　排污装置	1.0 1.0	黑色(7)	几何中心	PWZZ	平行管线
B.4.18　排水器	1.0 1.0	黑色(7)	几何中心	PSQ	平行管线
B.4.19　电话亭	1.6 0.8 1.6	黑色(7)	底部中心	DHT	方向正北
B.4.20　监视器	2.0	黑色(7)	上顶面中心	JSQ	方向正北
B.4.21　涨缩器	1.5 1.0	黑色(7)	几何中心	ZSQ	方向管线
B.4.22　凝水井	1.0	黑色(7)	几何中心	NSJ	方向正北
B.4.23　通风口	2.0	黑色(7)	几何中心	TFK	方向正北
B.4.24　沉降监测点	1.0	黑色(7)	几何中心	CJD	方向正北
B.4.25　禁挖标志	4.0	黑色(7)	底部中心	JWBZ	方向正北
B.4.26　阴极保护测试桩	2.0	黑色(7)	几何中心	CSZ	方向正北

续表

符号名称	图　例	颜色(号)	定位点	CAD块名	说　明
B.4.27　投料口	2.0 2.0	黑色(7)	几何中心	TLK	方向正北
B.4.28　雨水/污水篦水	1.0	黑色(7)	几何中心	YSB	平行路边线
B.4.29　路灯	4.0	黑色(7)	底部圆心	LDG	方向正北
B.4.30　警示桩	2.0	黑色(7)	底部中心	DLB	方向正北
B.4.31　交通信号灯	4.0	黑色(7)	底部左侧交点	XHD	方向正北
B.4.32　水塔	2.0	黑色(7)	几何中心	ST	方向正北
B.4.33　调压箱	2.0	黑色(7)	底部中心	TYX	方向正北
B.4.34　调压站	2.0 2.0	黑色(7)	几何中心	TYZ	方向正北
B.4.35　燃气柜	2.0	黑色(7)	几何中心	RQG	方向正北
B.4.36　接线箱	2.0 2.0	黑色(7)	底部中心	JXX	方向正北
B.4.37　电箱	1.4 2.0	黑色(7)	底部中心	KZG	方向正北
B.4.38　变电站	1.6 1.0	黑色(7)	底部中心	BDZ	方向正北
B.4.39　泵站	2.0	黑色(7)	几何中心	BZ	方向正北

续表

符号名称	图　例	线型	颜色(号)	定位点	CAD 块名	说　　明
B.4.40　发射塔	2.0 1.5		黑色(7)	底部中心	FST	方向正北
B.4.41　取水器	1.5		黑色(7)	底部中心	QSQ	方向正北
B.4.42　地灯	1.0		黑色(7)	底部中心	DD	方向正北
B.4.43　灯箱	1.5		黑色(7)	底部中心	GDDX	方向正北
B.4.44　化粪池	2.0 2.0		黑色(7)	几何中心	HFC	方向正北
B.4.45　格栅井	2.0		黑色(7)	几何中心	GSJ	方向正北
B.4.46　信息球	1.0		黑色(7)	几何中心	XXQ	方向正北
B.4.47　出入口			黑色(7)	几何中心	CRK	方向正北
B.4.48　充电桩	1.0 2.0		黑色(7)	几何中心	CDZ	方向正北
B.5　管线构筑物						
B.5.1　井室		dash1	黑色(7)			图上尺寸小于井盖符号的免绘
B.5.2　地面构筑物		实线	黑色(7)			实测外围，中心加注符号
B.6　其他						
B.6.2　问题标志	2.0		随管线颜色	下部顶点	WT	平行管线

附录C 地下管线子类要素与代码表

表 C.0.1 电力管线子类要素与代码表

大类	实体类	子类	子类代码	图式编号	说 明
电力					
	线	供电	00	B.1.1.1	
		路灯	00	B.1.1.1	
		交通信号	00	B.1.1.1	
		电车	00	B.1.1.1	
		直流专用线	00	B.1.1.1	
		景观灯	00	B.1.1.1	
		其他电力	00	B.1.1.1	
	点	电缆分支点	62	B.3.1	特征点
		非普点	01	B.3.5	特征点
		上杆	02	B.3.7	特征点
		管线指向	03	B.3.4	特征点、管线示意连接方向
		上墙、出地	04	B.3.6	特征点
		井边点	05	B.3.8	特征点
		实测点	06	B.2.1	特征点
		探查点	07	B.2.2	特征点
		闷头	08	B.3.9	特征点
		导管孔数变换分界	09	B.3.11	特征点
		检修井(人井)	10	B.4.1.a	
		检修井(手井)	11	B.4.1.b	

续表 C.0.1

大类	实体类	子类	子类代码	图式编号	说　明
电力					
	点	检修井井盖	12	B.4.1.a	做面的大检修井室上的井盖
		路灯	63	B.4.29	
		交通信号灯	64	B.4.31	
		灯箱	65	B.4.43	指广告灯箱
		地灯	66	B.4.42	
		充电桩	59	B.4.48	
		电箱(点状)	67	B.4.37	含控制柜、开关箱、分线箱、环网柜等点状电力箱柜
		变电箱(点状)	68	B.4.38	非架空的变电器
		电力通风口	28	B.4.23	
		沉降监测点	13	B.4.24	
		禁挖标志	14	B.4.25	含警示牌、禁止抛锚标志
		警示桩	15	B.4.30	
		辅助点	16	B.2.3	
		问题标志	17	B.6.2	示意图式
	面	井室	01	B.5.1	
		变电站	20	B.5.2	
		电箱(面状)	21	B.5.2	
		变电箱(面状)	22	B.5.2	
		电缆沟	23	B.5.1	
		电缆桥	24	B.5.2	
		其他	10		地下按 B.5.1,地上按 B.5.2

表 C.0.2 通信管线子类要素与代码表

大类	实体类	子类	子类代码	图式编号	说 明
通信					
	线	电话	00	B.1.1.2	
		广播电视	00	B.1.1.2	
		信息	00	B.1.1.2	
		监控	00	B.1.1.2	
		专线	00	B.1.1.2	
		电力通信	00	B.1.1.2	
		其他通信	00	B.1.1.2	
	点	电缆分支点	62	B.3.1	特征点
		非普点	01	B.3.5	特征点
		管线指向	02	B.3.7	特征点、管线示意连接方向
		上杆	03	B.3.4	特征点
		上墙、出地	04	B.3.6	特征点
		井边点	05	B.3.8	特征点
		实测点	06	B.2.1	特征点
		探查点	07	B.2.2	特征点
		闷头	08	B.3.9	特征点
		导管孔数变换分界	09	B.3.11	特征点
		检修井(人井)	10	B.4.2.a	
		检修井(手井)	11	B.4.2.b	
		检修井井盖	12	B.4.2.a	做面的大检修井上的井盖
		接线箱	70	B.4.36	
		监视器	71	B.4.20	
		电话亭	72	B.4.19	
		发射塔	73	B.4.40	以中心定位

续表 C.0.2

大类	实体类	子类	子类代码	图式编号	说　明
通信					
	点	通信通风口	28	B.4.23	
		沉降监测点	13	B.4.24	
		禁挖标志	14	B.4.25	含警示牌、禁止抛锚标志
		警示桩	15	B.4.30	
		辅助点	16	B.2.3	
		问题标志	17	B.6.2	示意图式
	面	井室	01	B.5.1	
		工作室(地上)	25	B.5.2	
		其他	10		地下按 B.5.1,地上按 B.5.2

表 C.0.3　给水管线子类要素与代码表

大类	实体类	子类	子类代码	图式编号	说　明
给水					
	线	原水	00	B.1.1.3	
		上水	00	B.1.1.3	
		中水	00	B.1.1.3	
		直饮水	00	B.1.1.3	
		消防	00	B.1.1.3	
		绿化	00	B.1.1.3	
		其他	00	B.1.1.3	
	点	变径点	18	B.3.2	特征点
		非普点	01	B.3.5	特征点
		管线指向	03	B.3.4	特征点、管线示意连接方向
		出地	19	B.3.6	特征点

续表 C.0.3

大类	实体类	子类	子类代码	图式编号	说明
给水					
	点	接户	20	B.3.12	特征点
		实测点	06	B.2.1	特征点
		探查点	07	B.2.2	特征点
		闷头	08	B.3.9	特征点
		检修井	21	B.4.3	
		阀门井	22	B.4.3	
		流量井	74	B.4.3	
		卧式阀门井	23	B.4.3	
		检修井井盖	12	B.4.3	做面的大检修井上的井盖
		阀门孔	24	B.4.14	
		消防栓	75	B.4.12	
		水表(流量箱)	76	B.4.13	
		排气装置	77	B.4.16	
		排污装置	78	B.4.17	
		测压装置	25	B.4.15	
		阀门	26	B.4.11	
		水质监测箱(点)	79	B.4.10	
		市政公共取水器	80	B.4.41	
		通风口	28	B.4.23	
		沉降监测点	13	B.4.24	
		禁挖标志	14	B.4.25	含警示牌、禁止抛锚标志
		警示桩	15	B.4.30	
		辅助点	16	B.2.3	
		问题标志	17	B.6.2	示意图式
	面	井室	01	B.5.1	

续表 C.0.3

大类	实体类	子类	子类代码	图式编号	说　明
给水					
	面	水池	26	B.5.2	含沉淀池点
		水质监测箱(面状)	27	B.5.2	
		水塔	28	B.5.2	
		泵站	02	B.5.2	
		其他	10		地下按 B.5.1,地上按 B.5.2

表 C.0.4　排水管线子类要素与代码表

大类	实体类	子类	子类代码	图式编号	说　明
排水					
	线	雨水	00	B.1.1.5	
		污水	00	B.1.1.5	
		合流	00	B.1.1.5	
		其他	00	B.1.1.5	
	点	进出水口	81	B.3.3	特征点
		非普点	01	B.3.5	特征点
		管线指向	03	B.3.4	特征点、管线示意连接方向
		井边点	05	B.3.8	特征点
		实测点	06	B.2.1	特征点
		探查点	07	B.2.2	特征点
		预留口	27	B.3.9	特征点
		管径变换分界	82	B.3.11	特征点
		窨井	83	B.4.5.a	
		暗井	84	B.4.5.b	
		雨污水篦	85	B.4.28	

续表 C.0.4

大类	实体类	子类	子类代码	图式编号	说　明
排水					
	点	排水井盖	86	B.4.5.a	做面的大检修井上的井盖
		化粪池	87	B.4.44	
		格栅井	88	B.4.45	
		阀门	22	B.4.11	
		通风口	28	B.4.23	
		禁挖标志	14	B.4.25	含警示牌、禁止抛锚标志
		警示桩	15	B.4.30	
		辅助点	16	B.2.3	
		问题标志	17	B.6.2	
	面	井室	01	B.5.1	
		泵站	02	B.5.2	
		沉淀池	29	B.5.2	
		污水处理厂	30	B.5.2	
		其他	10		地下按 B.5.1，地上按 B.5.2

表 C.0.5　燃气管线子类要素与代码表

大类	实体类	子类	子类代码	图式编号	说　明
燃气					
	线	煤气	00	B.1.1.4	
		天然气	00	B.1.1.4	
		液化气	00	B.1.1.4	
		其他	00	B.1.1.4	
	点	变径点	18	B.3.2	特征点
		非普点	01	B.3.5	特征点

续表 C.0.5

大类	实体类	子类	子类代码	图式编号	说　明
燃气					
	点	管线指向	03	B.3.4	特征点、管线示意连接方向
		出地	19	B.3.6	特征点
		接户	20	B.3.12	特征点
		实测点	06	B.2.1	特征点
		探查点	07	B.2.2	特征点
		闷头	08	B.3.9	特征点
		检修井	21	B.4.4	
		阀门井	22	B.4.4	
		凝水井	89	B.4.22	
		计量井	90	B.4.4	
		卧式阀门井	23	B.4.4	
		检修井井盖	12	B.4.4	
		阀门孔	24	B.4.14	
		阀门	26	B.4.11	
		牺牲阳极(阴极保护)	29	B.4.26	
		计量箱	30	B.4.13	
		涨缩器	31	B.4.21	
		信息球	91	B.4.46	
		测试桩	32	B.4.26	电位测试桩、牺牲阳极测试桩等
		测压装置	25	B.4.15	
		调压箱	92	B.4.33	
		沉降监测点	13	B.4.24	
		禁挖标志	14	B.4.25	含警示牌、禁止抛锚标志
		警示桩	15	B.4.30	

续表 C. 0. 5

大类	实体类	子类	子类代码	图式编号	说　明
燃气					
	点	辅助点	16	B.2.3	
		问题标志	17	B.6.2	
	面	井室	01	B.5.1	
		调压站	03	B.5.2	
		门站	04	B.5.2	
		燃气柜(燃气堡)	31	B.5.2	大型储气装置
		其他	10		地下按 B.5.1,地上按 B.5.2

表 C.0.6　热力管线子类要素与代码表

大类	实体类	子类	子类代码	图式编号	说　明
热力					
	线	蒸汽	00	B.1.1.6	
		热水	00	B.1.1.6	
		其他	00	B.1.1.6	
	点	变径点	18	B.3.2	特征点
		非普点	01	B.3.5	特征点
		管线指向	03	B.3.4	特征点、管线示意连接方向
		出地	19	B.3.6	特征点
		接户	20	B.3.12	特征点
		实测点	06	B.2.1	特征点
		探查点	07	B.2.2	特征点
		闷头	08	B.3.9	特征点
		检修井	21	B.4.7	
		阀门井	22	B.4.7	

续表 C.0.6

大类	实体类	子类	子类代码	图式编号	说明
热力					
	点	检修井井盖	15	B.4.7	
		测压装置	25	B.4.15	
		阀门	26	B.4.11	
		涨缩器	31	B.4.21	
		沉降监测点	13	B.4.24	
		禁挖标志	14	B.4.25	含警示牌、禁止抛锚标志
		警示桩	15	B.4.30	
		辅助点	16	B.2.3	
		问题标志	17	B.6.2	
	面	井室	01	B.5.1	
		锅炉房	05	B.5.2	
		其他	10		地下按 B.5.1，地上按 B.5.2

表 C.0.7 工业管线子类要素与代码表

大类	实体类	子类	子类代码	图式编号	说明
工业					
	线	氢气	00	B.1.1.7	
		氧气	00	B.1.1.7	
		乙炔	00	B.1.1.7	
		原油	00	B.1.1.7	
		成品油	00	B.1.1.7	
		航油	00	B.1.1.7	
		排渣	00	B.1.1.7	
		乙烯	00	B.1.1.7	

续表 C.0.7

大类	实体类	子类	子类代码	图式编号	说明
工业					
	线	氨水	00	B.1.1.7	
		纯水	00	B.1.1.7	
		酸	00	B.1.1.7	
		废水	00	B.1.1.7	
		其他	00	B.1.1.7	
	点	变径点	18	B.3.2	特征点
		非普点	01	B.3.5	特征点
		管线指向	03	B.3.4	特征点、管线示意连接方向
		出地	19	B.3.6	特征点
		接户	20	B.3.12	特征点
		实测点	06	B.2.1	特征点
		探测点	07	B.2.2	特征点
		闷头	08	B.3.9	特征点
		检修井	21	B.4.6	
		阀门井	22	B.4.6	
		检修井井盖	12	B.4.6	
		阀门	26	B.4.11	
		牺牲阳极(阴极保护)	29	B.4.26	
		计量箱	30	B.4.13	
		排水器	94	B.4.22	
		涨缩器	31	B.4.21	
		测试桩	32	B.4.26	
		测压装置	25	B.4.15	
		通风口	28	B.4.23	
		放气点	95	B.4.16	

续表 C.0.7

大类	实体类	子类	子类代码	图式编号	说　明
工业					
	点	沉降监测点	13	B.4.24	
		禁挖标志	14	B.4.25	含警示牌、禁止抛锚标志
		警示桩	15	B.4.30	
		辅助点	16	B.2.3	
		问题标志	17	B.6.2	
	面	井室	01	B.5.1	
		调压站	03	B.5.2	
		门站	04	B.5.2	
		储油储气柜(堡)	32	B.5.2	大型储油储气装置
		动力站	33	B.5.2	
		泵站	02	B.5.2	
		锅炉房	05	B.5.2	
		其他	10		地下按 B.5.1，地上按 B.5.2

表 C.0.8　其他管线子类要素与代码表

大类	实体类	子类	子类代码	图式编号	说　明
其他					
	线	不明管线	00	B.1.1.10	
		合杆管线	00	B.1.1.9	
		综合管廊(沟)中心线	00	B.1.1.8	如截面为圆形，实测管顶中心
	点	非普点	01	B.3.5	特征点
		预留口	27	B.3.9	特征点
		接户	20	B.3.12	特征点
		管线指向	03	B.3.4	特征点、管线示意连接方向

续表 C.0.8

大类	实体类	子类	子类代码	图式编号	说　明
其他					
	点	出地	19	B.3.5	特征点
		实测点	06	B.2.1	特征点
		探测点	07	B.2.2	特征点
		闷头	08	B.3.9	特征点
		不明井	96	B.4.8	不明
		沉降监测点	13	B.4.24	
		禁挖标志	14	B.4.25	含警示牌、禁止抛锚标志
		警示桩	15	B.4.30	
		检查井	97	B.4.8	管廊
		通风口	28	B.4.23	管廊
		出入口	98	B.4.47	管廊
		投料口	99	B.4.27	管廊
		辅助点	16	B.2.3	
		合杆人孔	60	B.4.9.a	
		合杆手孔	61	B.4.9.b	
		问题标志	17	B.6.2	
	面	井室	01	B.5.1	不明、合杆
		综合管廊廊(沟)体	34	B.1.18	管廊
		小室	35	B.1.18	管廊
		检查井	36	B.1.18	管廊
		通风口	37	B.1.18	管廊
		出入口	38	B.1.18	管廊
		投料口	39	B.1.18	管廊
		其他	10		地下按 B.5.1,地上按 B.5.2

附录D 地下管线要素属性结构

D.0.1 管线线层属性描述应按表 D. 0. 1-1～表 D. 0. 1-8 执行。

表 D.0.1-1 电力管线线层属性描述

名称	描述	类型取值
管线类别(Type)	管线种类	Text 类型(参见附录 C)
全生命周期 ID 号(PLCID)	全生命周期 ID 号	Number 类型
套管材料(PipeMaterO)	套管材料	1—砼；2—混凝土；3—钢；4—铸铁；5—铜；6—光纤；7—塑料；8—玻璃钢；9—石棉水泥；10—陶瓷；11—砖石沟；0—其他；－1—暂缺
管线材料(Material)	管线材料	1—砼；2—混凝土；3—钢；4—铸铁；5—铜；6—光纤；7—塑料；8—玻璃钢；9—石棉水泥；10—陶瓷；11—砖石沟；0—其他；－1—暂缺
压力等级(Grade)	电压类型	1—超高压(500 kV 以上)； 2—高压(110 kV，220 kV)； 3—中压(≥10 kV 且≤35 kV)； 4—低压(10 kV 以下)； －1—暂缺； 高低压混排的按照最高电压
压力值(PressNum)	压力值	Number 类型
总根数/总孔数(Num)	电缆根数/导管孔数	Number 类型
起始点号(StartPoint)	起始管点点号	Text 类型，格式：图号(7 位)＋管种(2 位)＋图上点号(3 位)
终止点号(EndPoint)	终止管点点号	Text 类型，格式：图号(7 位)＋管种(2 位)＋图上点号(3 位)
起点埋深(StartDeep)	起始管点管顶埋深	Number 类型，保留三位小数，地上管线埋深填负值

续表 D.0.1-1

名称	描述	类型取值
终点埋深(EndDeep)	终止管点管顶埋深	Number 类型,保留三位小数,地上管线埋深填负值
埋设方式(Enbed)	管线施工方式	1—直埋；2—管埋；3—管块；4—管沟；5—非开挖；6—隧道法；7—连接线；8—地表；9—架空；−1—暂缺；0—其他
施工类型(ConType)	施工类型	1—新建；2—穿线；3—加排；4—改排
管线形状(PipeShape)	管线形状	1—圆形；2—矩形；3—U 形；4—蛋形；5—不规则形
管道高(Height)	管道高	Number 类型,直径或高
管道宽(Width)	管道宽	Number 类型,圆形填 0
种类名称(Species)	管线种类为其他时填写	Text 类型
所属道路(RoadName)	所属道路	Text 类型
管线空间位置来源(PipeSource)	管线空间位置来源	1—见管实测；2—探测；3—三维竣工图；4—二维竣工图；5—示意连接；6—虚拟线；0—其他
管线权属(Owner)	管线权属单位代码	Text 类型,无法确定可填委托单位
管线状态(PipeStatus)	管线状态	1—在用；0—废弃
废弃依据(DiscardReason)	将管线状态改为废弃时，所依据的资料	Text 类型,判断管线废弃时所依据的资料
工程执照号(Contract)	工程执照号	规划许可证号和掘路执照号
项目名称(ProjectName)	项目名称	Text 类型
敷设日期(BuildDate)	管线敷设日期	有效日期格式(年,月)
测绘单位(ProCom)	管线测绘单位	Text 类型
测绘日期(ProTime)	管线测绘日期	有效日期格式(年,月)
管监编号(ChkNum)	管监编号	无法确定填写质检单位或者监理单位
监理单位(SuperVis)	监理单位名称	Text 类型

续表

名称	描述	类型取值
管线层级(AdminLevel)	管线层级	1—长输；2—市政；0—其他
数据来源(DataSources)	数据获取单位名称	Text 类型
数据获取时间(DataGetTime)	数据获取日期	有效日期格式(年,月,日)
存疑编号及原因(Doubt)	存疑编号及原因	Text 类型,格式:年月日+位序号(3 位)+分隔符(/)+作业员名字+逗号+原因
备注(Note)	其他需要说明的情况	Text 类型

表 D.0.1-2 通信管线线层属性描述

名称	描述	类型取值
管线类别(Type)	管线种类	Text 类型(参见附录 C)
全生命周期 ID 号(PLCID)	全生命周期 ID 号	Number 类型
套管材料(PipeMaterO)	套管材料	1—砼；2—混凝土；3—钢；4—铸铁；5—铜；6—光纤；7—塑料；8—玻璃钢；9—石棉水泥；10—陶瓷；11—砖石沟；0—其他；−1—暂缺
管线材料(Material)	管线材料	1—砼；2—混凝土；3—钢；4—铸铁；5—铜；6—光纤；7—塑料；8—玻璃钢；9—石棉水泥；10—陶瓷；11—砖石沟；0—其他；−1—暂缺
总根数/总孔数(Num)	电缆根数/导管孔数	Number 类型
起始点号(StartPoint)	起始管点点号	Text 类型,格式:图号(7 位)+管种(2 位)+图上点号(3 位)
终止点号(EndPoint)	终止管点点号	Text 类型,格式:图号(7 位)+管种(2 位)+图上点号(3 位)
起点埋深(StartDeep)	起始管点管顶埋深	Number 类型,保留三位小数,地上管线埋深填负值
终点埋深(EndDeep)	终止管点管顶埋深	Number 类型,保留三位小数,地上管线埋深填负值

续表 D.0.1-2

名称	描述	类型取值
埋设方式(Enbed)	管线施工方式	1—直埋；2—管埋；3—管块；4—管沟；5—非开挖；6—隧道法；7—连接线；8—地表；9—架空；-1—暂缺；0—其他
施工类型(ConType)	施工类型	1—新建；2—穿线；3—加排；4—改排
管线形状(PipeShape)	管线形状	1—圆形；2—矩形；3—U形；4—蛋形；5—不规则形
管道高(Height)	管道高	Number 类型,直径或高
管道宽(Width)	管道宽	Number 类型,圆形填0
种类名称(Species)	管线种类为其他时填写	Text 类型
管线空间位置来源(PipeSource)	管线空间位置来源	1—见管实测；2—探测；3—三维竣工图；4—二维竣工图；5—示意连接；6—虚拟线；0—其他
所属道路(RoadName)	所属道路	Text 类型
管线权属(Owner)	管线权属单位代码	Text 类型,无法确定可填委托单位
管线状态(PipeStatus)	管线状态	1—在用；0—废弃
废弃依据(DiscardReason)	将管线状态改为废弃时，所依据的资料	Text 类型,判断管线废弃时所依据的资料
工程执照号(Contract)	工程执照号	规划许可证号和掘路执照号
项目名称(ProjectName)	项目名称	Text 类型
敷设日期(BuildDate)	管线敷设日期	有效日期格式(年,月)
测绘单位(ProCom)	管线测绘单位	Text 类型
测绘日期(ProTime)	管线测绘日期	有效日期格式(年,月)
管监编号(ChkNum)	管监编号	无法确定填写质检单位或者监理单位
监理单位(SuperVis)	监理单位名称	Text 类型
管线层级(AdminLevel)	管线层级	1—长输；2—市政；0—其他

续表 D.0.1-2

名称	描述	类型取值
数据来源(DataSources)	数据获取单位名称	Text 类型
数据获取时间(DataGetTime)	数据获取日期	有效日期格式(年,月,日)
存疑编号及原因(Doubt)	存疑编号及原因	Text 类型,格式:年月日+位序号(3位)+分隔符(/)+作业员名字+逗号+原因
备注(Note)	其他需要说明的情况	Text 类型

表 D.0.1-3　给水管道线层属性描述

名称	描述	类型取值
管线类别(Type)	管道种类	Text 类型(参见附录 C)
全生命周期 ID 号(PLCID)	全生命周期 ID 号	Number 类型
管线材料(Material)	管道材料	1—砼;2—混凝土;3—钢;4—铸铁;5—铜;6—光纤;7—塑料;8—玻璃钢;9—石棉水泥;10—陶瓷;11—砖石沟;0—其他;-1—暂缺
起始点号(StartPoint)	起始管点点号	Text 类型,格式:图号(7位)+管种(2位)+图上点号(3位)
终止点号(EndPoint)	终止管点点号	Text 类型,格式:图号(7位)+管种(2位)+图上点号(3位)
起点埋深(StartDeep)	起始管点管顶埋深	Number 类型,保留三位小数,地上管线埋深填负值
终点埋深(EndDeep)	终止管点管顶埋深	Number 类型,保留三位小数,地上管线埋深填负值
埋设方式(Enbed)	管线施工方式	1—直埋;2—管埋;3—管块;4—管沟;5—非开挖;6—隧道法;7—连接线;8—地表;9—架空;-1—暂缺;0—其他
管线形状(PipeShape)	管线形状	1—圆形;2—矩形;3—U形;4—蛋形;5—不规则形

续表 D.0.1-3

名称	描述	类型取值
管道高(Height)	管道高	Number 类型,直径或高
管道宽(Width)	管道宽	Number 类型,圆形填 0
种类名称(Species)	管线种类为其他时填写	Text 类型
管线空间位置来源(PipeSource)	管线空间位置来源	1—见管实测；2—探测；3—三维竣工图；4—二维竣工图；5—示意连接；6—虚拟线；0—其他
所属道路(RoadName)	所属道路	Text 类型
管线权属(Owner)	管线权属单位代码	Text 类型,无法确定可填委托单位
管线状态(PipeStatus)	管线状态	1—在用；0—废弃
废弃依据(DiscardReason)	将管线状态改为废弃时,所依据的资料	Text 类型,判断管线废弃时所依据的资料
工程执照号(Contract)	工程执照号	规划许可证号和掘路执照号
项目名称(ProjectName)	项目名称	Text 类型
敷设日期(BuildDate)	管线敷设日期	有效日期格式(年,月)
测绘单位(ProCom)	管线测绘单位	Text 类型
测绘日期(ProTime)	管线测绘日期	有效日期格式(年,月)
管监编号(ChkNum)	管监编号	无法确定填写质检单位或者监理单位
监理单位(SuperVis)	监理单位名称	Text 类型
管线层级(AdminLevel)	管线层级	1—长输；2—市政；0—其他
数据来源(DataSources)	数据获取单位名称	Text 类型
数据获取时间(DataGetTime)	数据获取日期	有效日期格式(年,月,日)
存疑编号及原因(Doubt)	存疑编号及原因	Text 类型,格式:年月日+位序号(3 位)+分隔符(/)+作业员名字+逗号+原因
备注(Note)	其他需要说明的情况	Text 类型

表 D.0.1-4　排水管道线层属性描述

名称	描述	类型取值
管线类别(Type)	管道种类	Text 类型(参见附录 C)
全生命周期 ID 号(PLCID)	全生命周期 ID 号	Number 类型
管线材料(Material)	管道材料	1—砼；2—混凝土；3—钢；4—铸铁；5—铜；6—光纤；7—塑料；8—玻璃钢；9—石棉水泥；10—陶瓷；11—砖石沟；0—其他；－1—暂缺
压力类型(Press)	管道压力类型	1—重力管；2—压力管；0—其他；－1—暂缺
起始点号(StartPoint)	起始管点点号	Text 类型，格式：图号(7 位)＋管种(2 位)＋图上点号(3 位)
终止点号(EndPoint)	终止管点点号	Text 类型，格式：图号(7 位)＋管种(2 位)＋图上点号(3 位)
起点埋深(StartDeep)	起始管点管顶埋深	Number 类型，保留三位小数，地上管线埋深填负值
终点埋深(EndDeep)	终止管点管顶埋深	Number 类型，保留三位小数，地上管线埋深填负值
埋设方式(Enbed)	管线施工方式	1—直埋；2—管埋；3—管块；4—管沟；5—非开挖；6—隧道法；7—连接线；8—地表；9—架空；－1—暂缺；0—其他
流向(FlowDirect)	流向	1—由起点到终点；0—由终点到起点
管线形状(PipeShape)	管线形状	1—圆形；2—矩形；3—U 形；4—蛋形；5—不规则形
管道高(Height)	管道高	Number 类型，直径或高
管道宽(Width)	管道宽	Number 类型，圆形填 0
种类名称(Species)	管线种类为其他时填写	Text 类型
管线空间位置来源(PipeSource)	管线空间位置来源	1—见管实测；2—探测；3—三维竣工图；4—二维竣工图；5—示意连接；6—虚拟线；0—其他

续表 D.0.1-4

名称	描述	类型取值
所属道路(RoadName)	所属道路	Text 类型
管线权属(Owner)	管线权属单位代码	Text 类型,无法确定可填委托单位
管线状态(PipeStatus)	管线状态	1—在用；0—废弃
废弃依据(DiscardReason)	将管线状态改为废弃时,所依据的资料	Text 类型,判断管线废弃时所依据的资料
工程执照号(Contract)	工程执照号	规划许可证号和掘路执照号
项目名称(ProjectName)	项目名称	Text 类型
敷设日期(BuildDate)	管线敷设日期	有效日期格式(年,月)
测绘单位(ProCom)	管线测绘单位	Text 类型
测绘日期(ProTime)	管线测绘日期	有效日期格式(年,月)
管监编号(ChkNum)	管监编号	无法确定填写质检单位或者监理单位
监理单位(SuperVis)	监理单位名称	Text 类型
管线层级(AdminLevel)	管线层级	1—长输；2—市政；0—其他
数据来源(DataSources)	数据获取单位名称	Text 类型
数据获取时间(DataGetTime)	数据获取日期	有效日期格式(年,月,日)
存疑编号及原因(Doubt)	存疑编号及原因	Text 类型,格式:年月日+位序号(3 位)+分隔符(/)+作业员名字+逗号+原因
备注(Note)	其他需要说明的情况	Text 类型

表 D.0.1-5 燃气管道线层属性描述

名称	描述	类型取值
管线类别(Type)	管道种类	Text 类型(参见附录 C)
全生命周期 ID 号(PLCID)	全生命周期 ID 号	Number 类型

续表 D.0.1-5

名称	描述	类型取值
管线材料(Material)	管道材料	1—砼；2—混凝土；3—钢；4—铸铁；5—铜；6—光纤；7—塑料；8—玻璃钢；9—石棉水泥；10—陶瓷；11—砖石沟；0—其他；−1—暂缺
压力等级(Grade)	管道压力等级	1—超高压(≥1.6 MPa)； 2—高压(0.4 MPa～1.6 MPa)； 3—中压(5 kPa～0.4 MPa)； 4—低压(≤5 kPa)； −1—暂缺
压力值(PressNum)	压力值	Number 类型
起始点号(StartPoint)	起始管点点号	Text 类型，格式：图号(7 位)＋管种(2 位)＋图上点号(3 位)
终止点号(EndPoint)	终止管点点号	Text 类型，格式：图号(7 位)＋管种(2 位)＋图上点号(3 位)
起点埋深(StartDeep)	起始管点管顶埋深	Number 类型，保留三位小数，地上管线埋深填负值
终点埋深(EndDeep)	终止管点管顶埋深	Number 类型，保留三位小数，地上管线埋深填负值
埋设方式(Enbed)	管线施工方式	1—直埋；2—管埋；3—管块；4—管沟；5—非开挖；6—隧道法；7—连接线；8—地表；9—架空；−1—暂缺；0—其他
管线形状(PipeShape)	管线形状	1—圆形；2—矩形；3—U 形；4—蛋形；5—不规则形
管道高(Height)	管道高	Number 类型，直径或高
管道宽(Width)	管道宽	Number 类型，圆形填 0
种类名称(Species)	管线种类为其他时填写	Text 类型
管线空间位置来源(PipeSource)	管线空间位置来源	1—见管实测；2—探测；3—三维竣工图；4—二维竣工图；5—示意连接；6—虚拟线；0—其他
所属道路(RoadName)	所属道路	Text 类型
管线权属(Owner)	管线权属单位代码	Text 类型，无法确定可填委托单位

续表 D.0.1-5

名称	描述	类型取值
管线状态(PipeStatus)	管线状态	1—在用；0—废弃
废弃依据(DiscardReason)	将管线状态改为废弃时,所依据的资料	Text 类型,判断管线废弃时所依据的资料
工程执照号(Contract)	工程执照号	规划许可证号和掘路执照号
项目名称(ProjectName)	项目名称	Text 类型
敷设日期(BuildDate)	管线敷设日期	有效日期格式(年,月)
测绘单位(ProCom)	管线测绘单位	Text 类型
测绘日期(ProTime)	管线测绘日期	有效日期格式(年,月)
管监编号(ChkNum)	管监编号	无法确定填写质检单位或者监理单位
监理单位(SuperVis)	监理单位名称	Text 类型
管线层级(AdminLevel)	管线层级	1—长输；2—市政；0—其他
数据来源(DataSources)	数据获取单位名称	Text 类型
数据获取时间(DataGetTime)	数据获取日期	有效日期格式(年,月,日)
存疑编号及原因(Doubt)	存疑编号及原因	Text 类型,格式:年月日＋位序号(3 位)＋分隔符(/)＋作业员名字＋逗号＋原因
备注(Note)	其他需要说明的情况	Text 类型

表 D.0.1-6　工业管线线层属性描述

名称	描述	类型取值
管线类别(Type)	管线种类	Text 类型(参见附录 C)
全生命周期 ID 号(PLCID)	全生命周期 ID 号	Number 类型
管线材料(Material)	管道材料	1—砼；2—混凝土；3—钢；4—铸铁；5—铜；6—光纤；7—塑料；8—玻璃钢；9—石棉水泥；10—陶瓷；11—砖石沟；0—其他；－1—暂缺

续表 D.0.1-6

名称	描述	类型取值
压力等级(Grade)	管道压力等级	1—高压(≥10 MPa); 2—中压(1.6 MPa～10 MPa); 3—低压(≤1.6 kPa); 4—无压(0); −1—暂缺
压力值(PressNum)	压力值	Number 类型
起始点号(StartPoint)	起始管点点号	Text 类型,格式:图号(7 位)+管种(2 位)+图上点号(3 位)
终止点号(EndPoint)	终止管点点号	Text 类型,格式:图号(7 位)+管种(2 位)+图上点号(3 位)
起点埋深(StartDeep)	起始管点管顶埋深	Number 类型,保留三位小数,地上管线埋深填负值
终点埋深(EndDeep)	终止管点管顶埋深	Number 类型,保留三位小数,地上管线埋深填负值
埋设方式(Enbed)	管线施工方式	1—直埋;2—管埋;3—管块;4—管沟;5—非开挖;6—隧道法;7—连接线;8—地表;9—架空;−1—暂缺;0—其他
管线形状(PipeShape)	管线形状	1—圆形;2—矩形;3—U 形;4—蛋形;5—不规则形
管道高(Height)	管道高	Number 类型,直径或高
管道宽(Width)	管道宽	Number 类型,圆形填 0
种类名称(Species)	管线种类为其他时填写	Text 类型
管线空间位置来源(PipeSource)	管线空间位置来源	1—见管实测;2—探测;3—三维竣工图;4—二维竣工图;5—示意连接;6—虚拟线;0—其他
所属道路(RoadName)	所属道路	Text 类型
管线权属(Owner)	管线权属单位代码	Text 类型,无法确定可填委托单位
管线状态(PipeStatus)	管线状态	1—在用;0—废弃
废弃依据(DiscardReason)	将管线状态改为废弃时,所依据的资料	Text 类型,判断管线废弃时所依据的资料

续表 D.0.1-6

名称	描述	类型取值
工程执照号(Contract)	工程执照号	规划许可证号和掘路执照号
项目名称(ProjectName)	项目名称	Text 类型
敷设日期(BuildDate)	管线敷设日期	有效日期格式(年,月)
测绘单位(ProCom)	管线测绘单位	Text 类型
测绘日期(ProTime)	管线测绘日期	有效日期格式(年,月)
管监编号(ChkNum)	管监编号	无法确定填写质检单位或者监理单位
监理单位(SuperVis)	监理单位名称	Text 类型
管线层级(AdminLevel)	管线层级	1—长输;2—市政;0—其他
数据来源(DataSources)	数据获取单位名称	Text 类型
数据获取时间(DataGetTime)	数据获取日期	有效日期格式(年,月,日)
存疑编号及原因(Doubt)	存疑编号及原因	Text 类型,格式:年月日+位序号(3位)+分隔符(/)+作业员名字+逗号+原因
备注(Note)	其他需要说明的情况	Text 类型

表 D.0.1-7 热力管线线层属性描述

名称	描述	类型取值
管线类别(Type)	管线种类	Text 类型(参见附录 C)
全生命周期 ID 号(PLCID)	全生命周期 ID 号	Number 类型
管线材料(Material)	管道材料	1—砼;2—混凝土;3—钢;4—铸铁;5—铜;6—光纤;7—塑料;8—玻璃钢;9—石棉水泥;10—陶瓷;11—砖石沟;0—其他;-1—暂缺
起始点号(StartPoint)	起始管点点号	Text 类型,格式:图号(7位)+管种(2位)+图上点号(3位)

续表 D.0.1-7

名称	描述	类型取值
终止点号(EndPoint)	终止管点点号	Text类型,格式:图号(7位)+管种(2位)+图上点号(3位)
起点埋深(StartDeep)	起始管点管顶埋深	Number类型,保留三位小数,地上管线埋深填负值
终点埋深(EndDeep)	终止管点管顶埋深	Number类型,保留三位小数,地上管线埋深填负值
埋设方式(Enbed)	管线施工方式	1—直埋;2—管埋;3—管块;4—管沟;5—非开挖;6—隧道法;7—连接线;8—地表;9—架空;−1—暂缺;0—其他
管线形状(PipeShape)	管线形状	1—圆形;2—矩形;3—U形;4—蛋形;5—不规则形
管道高(Height)	管道高	Number类型,直径或高
管道宽(Width)	管道宽	Number类型,圆形填0
种类名称(Species)	管线种类为其他时填写	Text类型
管线空间位置来源(PipeSource)	管线空间位置来源	1—见管实测;2—探测;3—三维竣工图;4—二维竣工图;5—示意连接;6—虚拟线;0—其他
所属道路(RoadName)	所属道路	Text类型
管线权属(Owner)	管线权属单位代码	Text类型,无法确定可填委托单位
管线状态(PipeStatus)	管线状态	1—在用;0—废弃
废弃依据(DiscardReason)	将管线状态改为废弃时,所依据的资料	Text类型,判断管线废弃时所依据的资料
工程执照号(Contract)	工程执照号	规划许可证号和掘路执照号
项目名称(ProjectName)	项目名称	Text类型
敷设日期(BuildDate)	管线敷设日期	有效日期格式(年,月)
测绘单位(ProCom)	管线测绘单位	Text类型

续表 D.0.1-7

名称	描述	类型取值
测绘日期(ProTime)	管线测绘日期	有效日期格式(年,月)
管监编号(ChkNum)	管监编号	无法确定填写质检单位或者监理单位
监理单位(SuperVis)	监理单位名称	Text 类型
管线层级(AdminLevel)	管线层级	1—长输；2—市政；0—其他
数据来源(DataSources)	数据获取单位名称	Text 类型
数据获取时间(DataGetTime)	数据获取日期	有效日期格式(年,月,日)
存疑编号及原因(Doubt)	存疑编号及原因	Text 类型,格式:年月日＋位序号(3 位)＋分隔符(/)＋作业员名字＋逗号＋原因
备注(Note)	其他需要说明的情况	Text 类型

表 D.0.1-8　其他管线线层属性描述

名称	描述	类型取值
管线类别(Type)	管线种类	Text 类型(参见附录 C)
全生命周期 ID 号(PLCID)	全生命周期 ID 号	Number 类型
管线材料(Material)	管道材料	1—砼；2—混凝土；3—钢；4—铸铁；5—铜；6—光纤；7—塑料；8—玻璃钢；9—石棉水泥；10—陶瓷；11—砖石沟；0—其他；－1—暂缺
起始点号(StartPoint)	起始管点点号	Text 类型,格式:图号(7 位)＋管种(2 位)＋图上点号(3 位)
终止点号(EndPoint)	终止管点点号	Text 类型,格式:图号(7 位)＋管种(2 位)＋图上点号(3 位)
起点埋深(StartDeep)	起始管点管顶埋深	Number 类型,保留三位小数,地上管线埋深填负值
终点埋深(EndDeep)	终止管点管顶埋深	Number 类型,保留三位小数,地上管线埋深填负值

续表 D.0.1-8

名称	描述	类型取值
埋设方式(Enbed)	管线施工方式	1—直埋；2—管埋；3—管块；4—管沟；5—非开挖；6—隧道法；7—连接线；8—地表；9—架空；-1—暂缺；0—其他
管线形状(PipeShape)	管线形状	1—圆形；2—矩形；3—U形；4—蛋形；5—不规则形
管道高(Height)	管道高	Number类型,直径或高
管道宽(Width)	管道宽	Number类型,圆形填0
种类名称(Species)	管线种类为其他时填写	Text类型
管线空间位置来源(PipeSource)	管线空间位置来源	1—见管实测；2—探测；3—三维竣工图；4—二维竣工图；5—示意连接；6—虚拟线；0—其他
所属道路(RoadName)	所属道路	Text类型
管线权属(Owner)	管线权属单位代码	Text类型,无法确定可填委托单位
管线状态(PipeStatus)	管线状态	1—在用；0—废弃
废弃依据(DiscardReason)	将管线状态改为废弃时,所依据的资料	Text类型,判断管线废弃时所依据的资料
工程执照号(Contract)	工程执照号	规划许可证号和掘路执照号
项目名称(ProjectName)	项目名称	Text类型
敷设日期(BuildDate)	管线敷设日期	有效日期格式(年,月)
测绘单位(ProCom)	管线测绘单位	Text类型
测绘日期(ProTime)	管线测绘日期	有效日期格式(年,月)
管监编号(ChkNum)	管监编号	无法确定填写质检单位或者监理单位
监理单位(SuperVis)	监理单位名称	Text类型
管线层级(AdminLevel)	管线层级	1—长输；2—市政；0—其他
数据来源(DataSources)	数据获取单位名称	Text类型

续表 D.0.1-8

名称	描述	类型取值
数据获取时间(DataGetTime)	数据获取日期	有效日期格式(年,月,日)
存疑编号及原因(Doubt)	存疑编号及原因	Text 类型,格式:年月日+位序号(3位)+分隔符(/)+作业员名字+逗号+原因
备注(Note)	其他需要说明的情况	Text 类型

D. 0. 2 管线点层属性描述应按表 D. 0. 2 执行。

表 D.0.2 管线点层属性描述

名称	描述	类型取值
管线种类(Type)	管线种类	Text 类型(参见附录 C)
全生命周期 ID 号(PLCID)	全生命周期 ID 号	Number 类型
点号(PointNo)	点号	Text 类型,格式为:图号(7位)+管线代号(2位)+顺序号(3位)
点符号代码(InfoCode)	附属物与变径的代码	Text 类型
地面高程(GroundH)	地面高程	Number 类型
井底高程(BottomH)	井底高程	Number 类型
井盖形状(CoverShape)	井盖形状	1—圆形; 2—矩形; 3—不规则形; 4—条盖井
井盖尺寸(CoverSize)	井盖尺寸	Text 类型,格式为:长度×宽度;为圆形时填直径;主线方向为长,条盖井可不填
井的形状(WellShape)	井的形状	1—圆形; 2—矩形; 3—不规则形
井的尺寸(WellSize)	井的尺寸	Text 类型,格式为:长度×宽度;为圆形时填直径;主线方向为长
管线空间位置来源(PointSource)	管线空间位置来源	1—见管实测; 2—探测; 3—三维竣工图; 4—二维竣工图; 5—示意连接; 6—虚拟线; 0—其他
所属道路(RoadName)	所属道路	Text 类型

续表D.0.2

名称	描述	类型取值
管线权属(Owner)	管线权属单位代码	Text 类型,无法确定可填委托单位
管线状态(PointStatus)	管线状态	1—在用；0—废弃
废弃依据(DiscardReason)	将管线状态改为废弃时,所依据的资料	Text 类型,判断管线废弃时所依据的资料
工程执照号(Contract)	工程执照号	规划许可证号和掘路执照号
项目名称(ProjectName)	项目名称	Text 类型
敷设日期(BuildDate)	管线敷设日期	有效日期格式(年,月)
测绘单位(ProCom)	管线测绘单位	Text 类型
测绘日期(ProTime)	管线测绘日期	有效日期格式(年,月)
管监编号(ChkNum)	管监编号	无法确定填写质检单位或者监理单位
监理单位(SuperVis)	监理单位名称	Text 类型
管线层级(AdminLevel)	管线层级	1—长输；2—市政；0—其他
数据来源(DataSources)	数据获取单位名称	Text 类型
数据获取时间(DataGetTime)	数据获取日期	有效日期格式(年,月,日)
存疑编号及原因(Doubt)	存疑编号及原因	Text 类型,格式:年月日＋位序号(3位)＋分隔符(/)＋作业员名字＋逗号＋原因
备注(Note)	其他需要说明的情况	Text 类型

D.0.3 管线面层属性描述应按表 D.0.3 执行。

表 D.0.3 管线面层属性描述

名称	描述	类型取值
管线种类(Type)	管线种类	Text 类型(参见附录 C)
全生命周期 ID 号(PLCID)	全生命周期 ID 号	Number 类型

续表D.0.3

名称	描述	类型取值
面号(PolygonNo)	面号	Text类型,要求保证编号唯一
是否出地(OverGround)	是否出地	1—出地；0—全部在地下
附属面类型(PolygonType)	如泵站、变电站、工作井等	Text类型
井室内顶高程(TopH)	井室内顶高程	Number类型
井室内底高程(BottomH)	井室内底高程	Number类型
管线空间位置来源(PolygonSource)	管线空间位置来源	1—见管实测；2—探测；3—三维竣工图；4—二维竣工图；5—示意连接；6—虚拟线；0—其他
所属道路(RoadName)	所属道路	Text类型
管线权属(Owner)	管线权属单位代码	Text类型,无法确定可填委托单位
管线状态(PolygonStatus)	管线状态	1—在用；0—废弃
废弃依据(DiscardReason)	将管线状态改为废弃时,所依据的资料	Text类型,判断管线废弃时所依据的资料
工程执照号(Contract)	工程执照号	规划许可证号和掘路执照号
项目名称(ProjectName)	项目名称	Text类型
敷设日期(BuildDate)	管线敷设日期	有效日期格式(年,月)
测绘单位(ProCom)	管线测绘单位	Text类型
测绘日期(ProTime)	管线测绘日期	有效日期格式(年,月)
管监编号(ChkNum)	管监编号	无法确定填写质检单位或者监理单位
监理单位(SuperVis)	监理单位名称	Text类型
管线层级(AdminLevel)	管线层级	1—长输；2—市政；0—其他

续表D.0.3

名称	描述	类型取值
数据来源(DataSources)	数据获取单位名称	Text 类型
数据获取时间(DataGetTime)	数据获取日期	有效日期格式(年,月,日)
存疑编号及原因(Doubt)	存疑编号及原因	Text 类型,格式:年月日+位序号(3位)+分隔符(/)+作业员名字+逗号+原因
备注(Note)	其他需要说明的情况	Text 类型

附录E　地下管线数据交换格式

```
{"version":"v1.0",//该交换格式的版本号
"metadata":{"ProjectID":"标题信息",
"FeatCodeStand":"分类代码标准",……
"ElevCoordSys":"高程系统"
}, //以上为元数据信息
"type": "FeatureCollection",
"features": [
    {"type": "Feature",
     "geometry": {"type": "Point", "coordinates": [横坐标值, 纵坐标值,
     高程值]},//上海城市坐标,下同
     "properties": {"编号":"特征点编号",
            "旋转角度": "角度值",//以北为正方向的弧度值
            "类别":"特征点类别",//如检修井、污水篦子等
            "属性 1":"属性值 1",
            "属性 2":"属性值 2",……
            "属性 m":"属性值 m"}
    },
    {"type": "Feature",
     "geometry": {"type": "Point", "coordinates": [横坐标值, 纵坐标值,
     高程值]},
     "properties": {"编号":"特征点编号",
            "旋转角度": "角度值",//以北为正方向的弧度值
            "类别":"特征点类别",//如检修井、污水篦子等
            "属性 1":"属性值 1",
            "属性 2":"属性值 2",……
            "属性 m":"属性值 m"}
```

```
},
//以上为管线特征点,管线注记结构参照管线点
{"type": "Feature",
 "geometry": {"type": "LineString", "coordinates": [
    [横坐标值1,纵坐标值1,高程值1], [横坐标值2,纵坐标值2,高
    程值2], [横坐标值m,纵坐标值m,高程值m]
 ]},
 "properties": {"编号":"管线线编号",
          "管线材料":"管线材料值",
          "类别":"管线类别",//如上水、中水等
          "属性1":"属性1值",
          "属性2":"属性2值",……
          "属性m":"属性m值"}
},
{"type": "Feature",
 "geometry": {"type": "LineString", "coordinates": [
    [横坐标值1,纵坐标值1,高程值1], [横坐标值2,纵坐标值2,高
    程值2], [横坐标值m,纵坐标值m,高程值m]
]},
 "properties": {"编号":"管线线编号",
          "管线材料":"管线材料值",
          "类别":"管线类别",//如上水、中水等
          "属性1":"属性1值",
          "属性2":"属性2值",……
          "属性m":"属性m值"}
},
//以上为管线线,扯旗结构参照管线线
{"type": "Feature",
 "geometry": {"type": "Polygon", "coordinates": [
    [[横坐标值1,纵坐标值1,高程值1], [横坐标值2,纵坐标值2,
    高程值2], [横坐标值m,纵坐标值m,高程值m]]
]},
```

```
"properties"：{"编号"："构筑物编号"，
        "类别"："构筑物类别"，//如井室、泵站等
        "属性 1"："属性 1 值"，
        "属性 2"："属性 2 值"，……
        "属性 m"："属性 m 值"}
},
{"type"："Feature"，
"geometry"：{"type"："Polygon"，"coordinates"：[
    [[横坐标值 1,纵坐标值 1,高程值 1]，[横坐标值 2,纵坐标值 2,
    高程值 2]，[横坐标值 m,纵坐标值 m,高程值 m]]
]},
"properties"：{"编号"："构筑物编号"，
        "类别"："构筑物类别"，//如井室、泵站等
        "属性 1"："属性 1 值"，
        "属性 2"："属性 2 值"，……
        "属性 m"："属性 m 值"}
}
//以上为管线构筑物
]}
```

附录F 地下管线数据元数据格式

序号	数据项名称	定义	数据类型
1	标题信息(ProjectID)	项目工程号	字符
2	分类代码标准(FeatCodeStand)	数据使用的分类代码标准的名称、版本编号	字符
3	采用规范(SurveyStand)	数据采集所遵循的地下管线测绘规范版本编号	字符
4	采集单位(ProCom)	采集单位名称	字符
5	采集方式(ProMethod)	地下管线数据采集方式	字符
6	采集时间(ProTimeEnd)	数据采集完成日期(YYYYMMDD)	日期
7	参考资料来源(ReferInfo)	参考资料信息、来源单位名称及年份	字符
8	采集仪器(ProInstr)	数据采集所用的仪器信息	字符
9	采集软件(ProSoft)	数据采集编辑软件	字符
10	质检部门(QCDept)	数据最终质量检验单位名称	字符
11	质检结果(QCRes)	关于数据质量的概括说明	字符
12	地下管线种类(PipeTypes)	此次作业涉及管线种类	字符
13	范围信息(MapRange)	数据覆盖范围的图幅名称	字符
14	数据格式(ExtFormatName)	数据交换使用的数据交换格式名称	字符
15	版本信息(ExtFormatVer)	数据交换使用的数据交换格式版本	字符
16	平面坐标系统(PlaneCoordSys)	数据所采用坐标系统名称	字符
17	高程系统(ElevCoordSys)	数据所采用高程系统名称	字符

附录G 地下管线探查记录表

地下管线探查记录表

项目名称/编号：　　　　　　　　　　　　　　　　　发射机型号：

权属单位：　　　　　　　　　　　　　　　　　　　接收机型号：

管线点号	连接点号	管线点类别		材质	管线规格(mm)	载体特征		隐蔽点探查方法			埋深中心(mm)		埋设		备注
		特征	附属物			压力(电压)	流向(根数)	激发	定位	定深	探查	修正后	方式	年代	

探查者/日期：　　　　　　　　　　　　　　　　　　校核者/日期：

附录 H　地下管线图样图

彩图下载

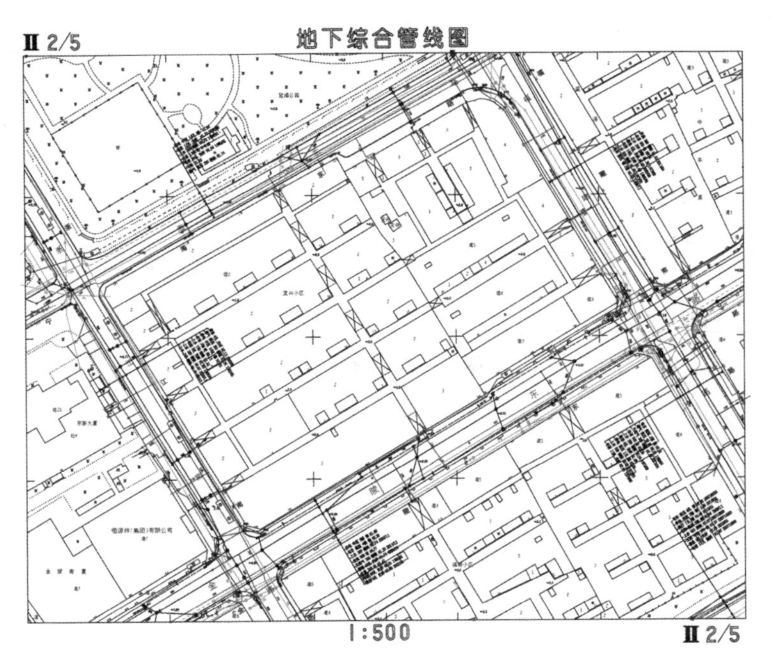

图 H-1　地下综合管线图样图

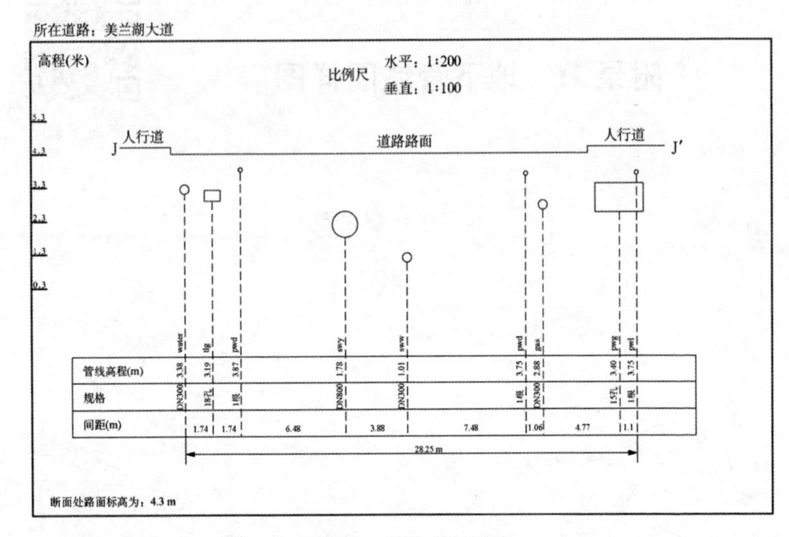

所在道路：美兰湖大道
高程(米)
比例尺
水平：1:200
垂直：1:100
5.3
4.3
3.3
2.3
1.3
0.3
J
人行道
道路路面
人行道
J′
water
tlg
pwd
swy
sww
pwd
gas
pwg
pwl
管线高程(m)
3.38
3.19
3.87
1.78
1.01
3.75
2.88
3.40
3.75
规格
DN300
18孔
1根
DN800
DN300
1根
DN300
15孔
1根
间距(m)
1.74
1.74
6.48
3.88
7.48
1.06
4.77
1.1
28.25 m
断面处路面标高为：4.3 m

图 H-2　断面图样图

本标准用词说明

1 为便于执行本标准条文时区别对待，对要求严格程度不同的用词说明如下：

1） 表示很严格，非这样做不可的用词：
正面词采用“必须”；
反面词采用“严禁”。

2） 表示严格，在正常情况下均应这样做的用词：
正面词采用“应”；
反面词采用“不应”或“不得”。

3） 表示允许稍有选择，在条件许可时首先应这样做的用词：
正面词采用“宜”；
反面词采用“不宜”。

4） 表示有选择，在一定条件下可以这样做的用词，采用“可”。

2 标准中指明应按其他的标准、规范或规定执行的写法为“应按……执行”或“应符合……规定”。

引用标准名录

1 《测绘成果质量检查与验收》GB/T 24356
2 《城市工程地球物理探测规范》CJJ 7
3 《城市测量规范》CJJ/T 8
4 《城市地下管线探测技术规程》CJJ 61
5 《卫星定位城市测量技术标准》CJJ/T 73
6 《测绘技术总结编写规定》CH/T 1001
7 《测绘技术设计规定》CH/T 1004
8 《高程控制测量成果质量检验技术规程》CH/T 1021
9 《平面控制测量成果质量检验技术规程》CH/T 1022
10 《管线测绘成果质量检验技术规程》CH/T 1033
11 《管线要素分类代码与符号表达》CH/T 1036
12 《管线测绘技术规程》CH/T 6002
13 《1∶500 1∶1 000 1∶2 000 数字地形测量规范》DG/TJ 08—86
14 《卫星定位测量技术规范》DG/TJ 08—2121

上海市工程建设规范

地下管线测绘标准

DG/TJ 08—85—2020
J 10046—2020

条 文 说 明

2020 上海

目　次

Contents

1 总 则

1.0.1 本条阐明了编制本标准的目的和依据，包括上海地下管线测绘工作中涉及的测量与探查、资料整合、数据处理、管线图编绘和地下管线数据入库等技术要求。

城市地下管线是城市地下空间的重要基础设施，是城市生存和发展的血脉，是现代化城市高质量、高效率运转的基本保证。科学、准确、完整的地下管线现状信息是地下管线安全、高效运营的保障，是城市规划与土地设计、施工、建设和管理的重要依据。

根据《上海市测绘管理条例》第二十条规定："地下管线建设单位应当按照全市统一的技术标准及时、准确地测量地下管线的空间位置，编制地下管线竣工图；市测绘管理部门应当进行监督检查，并组织地下综合管线的测绘。"城市地下管线测绘的关键在于准确地获取地下管线现状数据和保证地下管线信息的完整性和现势性，并使获取的信息适应现代化管理的要求。上海市的管线专业单位和测绘单位运用有关的技术规程一直对地下管线进行测绘，形成了地下专业管线竣工图和地下综合管线图，为上海市的城市规划与土地设计、施工以及建设和管理提供了基础资料。随着科学技术的迅猛发展与信息化测绘技术体系的不断推进，为进一步统一、完善全市地下管线测绘的技术标准，满足地下管线全生命周期管理及管线成果三维显示的需要，实现同国家、行业以及本市有关最新技术标准对接，最终形成适应信息化社会需求并符合数据建设基本要求的地下管线数据库、成果图成果，有必要对原上海市《地下管线测绘规范》进行修订。

1.0.2～1.0.3 规定了本标准的适用范围和基本工作内容，即为本市规划与土地建设和管理埋设的各种不同用途的地下管线进行三维坐标见管跟踪测量，对已覆土的地下管线，采用物探技术，探查地下管线，以及包括由地下管线建设单位编制的数字地下管线竣工图，由市测绘管理部门组织编制的数字地下综合管线图和应当满足地下管线信息系统（数据库）建设与维护基本要求的数据入库与交换等工作。本标准强调管线在施工中及时进行见管的跟踪测量以保障管线成果的准确性，管线探查只是作为无法跟踪测量的补充手段，对于本市新建、改建、扩建、废弃的管线都属于跟踪测量的对象。

本标准未作长输管线与城市管线的分类，在管线的属性中有管线层级字段，管线层级分为长输管线（城际传输）、市政管线（市政道路内管线及穿越地块的主干管线）和其他管线（地块内使用管线）。

2 术 语

本章各条术语和定义描述仅限于本标准涉及内容，当国家有强制性标准规定时，以国家标准界定为准。

本章增加了“地下管线跟踪测量”和“地下管线探测”的定义，明确地下管线测绘包含地下管线跟踪测量和地下管线探测，确定了本标准的主要对象。

3 基本规定

3.1 坐标系统与地图分幅

3.1.1 本条明确要求进行上海市地下管线测绘应采用的坐标和高程基准系统，并且强调特殊地区或情况下采用其他坐标和高程系统时，应与上海平面坐标系统、吴淞高程系统建立明确的转换关系。随着上海 2000 城市坐标系统建立工作的推进，地下管线测绘使用的坐标系统应及时跟进。

3.1.2 本条说明上海市地下管线图的分幅和编号应与本市地形图的分幅和编号方法保持一致，具体参照本标准附录 A 执行。

3.2 地下管线测绘内容

3.2.1～3.2.5 说明地下管线测绘工作包括一般工序、基本内容、对象以及具体测绘要求。测绘单位应向建设单位和管线管理部门收集全生命周期管理的相关要素的要求，目的是将管线施工与管线规划、设计等全生命周期的各个过程关联对应起来。

3.3 地下管线测绘方法

3.3.1～3.3.4 说明了进行地下管线测绘时结合不同项目内容或要求应采用的具体施测方法及其基本操作要求。对于地下管线跟踪测量项目，应采集工程执照号、埋设日期信息；其他地下管线测绘项目宜收集执照和埋设日期信息。

3.4 精度要求

3.4.1 地下管线跟踪测量的平面和高程测量存在的困难有:①测量时管道及线缆的中心位置选取会存在误差;②管线埋设中测量的时间不同,管位会有略微的变动;③管线直线段作业人员和检查人员在测量时会测在管线纵向上的不同位置。本条中,平面和高程中误差为相对于邻近控制点的中误差。

3.4.2 地下管线探查点在地面有明确的标记,只存在测量误差。

3.5 项目设计与总结

3.5.1~3.5.2 明确了开展地下管线测绘工作前应编制工程项目设计书及其应包括的基本内容。

3.5.3 本条说明了项目设计书编制的一般内容,其中:

1 概述:主要说明任务的来源、目的、任务量、作业范围和环境、作业内容以及完成期限等任务基本情况。

2 已有资料和引用依据:说明本项目作业具备的既有资料依据和项目设计书编写过程中所引用的标准、规范或其他技术文件。

4 成果或产品主要技术指标和规格:应根据具体成果(或产品)要求,写明其主要技术指标和规格以及提交和归档成果(或产品)及其资料的内容和要求等。

5 设备或软硬件配置要求:应明确作业所需仪器的类型、数量、精度指标以及对仪器校准或检定的要求;规定对作业所需的数据处理、存储与传输等设备的要求;规定对专业应用软件的要求和其他软、硬件配置方面需特别规定的要求。

6 安全生产组织与进度安排:应明确项目生产组成人员、质量控制基本要求和生产周期要求等。

7 附录:包括需要进一步说明的技术问题或要求以及与设

计有关的附图、附表。

3.5.4 本条明确了大型工程项目设计书在发布前应进行评审,评审可以采用会议或会签等形式。

3.5.5 本条明确了地下管线测绘项目结束后,作业单位应编写技术总结。技术总结一般应包括下列基本内容:

1 工程概况:工程的依据、目的和要求;工程的地理位置、地球物理和地形条件;开竣工日期;实际完成的工作量等。

2 技术措施:各工序作业的标准依据;坐标和高程的起算依据;采用的仪器和技术方法。

3 应说明的问题及处理措施。

4 质量评定:各工序质量检验与评定结果。

5 结论与建议。

6 提交的成果。

7 附图与附表。

3.6 地下管线分类、代号与取舍

3.6.1 因为长输管线在本市的管线测绘工作中并不多,管线分类未作长输管线、城市管线的区分,但在管线的属性中增加了管线层级字段。

3.6.3 本标准测绘对象为地下管线,为保证管线的连通性,应按照本节要求测绘部分出露地面的管线段。

3.7 地下管线数据交换

3.7.2 本条明确要求进行上海市地下管线测绘时,应参照本标准附录C、附录D和附录E组织做好地下管线数据交换文件。

4 控制测量

4.1 平面控制测量

4.1.1 本条规定进行地下管线平面控制测量时，其精度不得低于图根导线的精度要求，并且明确了当需要布设图根级以上控制点时，应按现行行业标准《城市测量规范》CJJ/T 8 的要求加密等级控制点。

4.1.5～4.1.6 参照现行上海市工程建设规范《卫星定位测量技术规范》DG/TJ 08—2121 的要求对 GNSS RTK 测量要求作了修订。

4.2 高程控制测量

4.2.1 本条规定了地下管线高程控制测量点的基本要求。

4.2.2 考虑到上海大地水准面精化成果已在生产中应用，在水准测量方法中增加了 GNSS 测高的方法。

4.2.3 考虑到上海地区地面沉降量比较大，同时大规模的市政建设也影响了已知水准点的稳定性，为保证已知水准点成果的可靠性，图根水准路线必须附合在两个已知水准点上。当利用一个已知水准点布设闭合水准环时，则必须对该点进行稳定性的检验。

4.2.6 应用 GNSS 方法测定高程时，考虑到上海大地水准面精化成果检测时与已知高程之差不大于±5 cm，故要求拟合高程与已知高程差值不大于±5 cm。

5　地下管线跟踪测量

5.1　一般规定

本章各条所列明的仪器型号系指实际使用的仪器，其精度不应低于本节所列明的型号仪器。

5.1.1　地下管线跟踪测量指在管线施工中见管实测。对于非开挖方式施工的地下管线中如燃气、给水等管道能使用信标示踪法、惯性定位仪法测绘的时间段很短，在非开挖施工刚完成还未与两边管道接通时才能将仪器伸入管道内测量，一旦施工完成接通，基本无法补测。

5.1.3　由于GNSS动态测量的独立性决定了RTK测高的绝对精度达标但相对精度可能较差，GNSS RTK大地高碎步测量不宜用于相对精度要求较高的井盖高程测量项目。

5.2　管线段测量

5.2.1　通过测量管线特征点及特征点间的连接关系，完成管线段的测量。

5.2.2～5.2.4　排水管道、电力导管、通信导管等排管一般与井室壁相接，在与面状井室连接处需加测井边点。给水、燃气、热力和工业管线等管道与井室的关联不大，管道与井室分别测绘。

对于圆形截面管道，测量管道中心线；矩形管道宽度大于等于1.5 m的，实测边线。电力、通信等导管实测中心线；电缆沟、电力隧道截面为矩形，如宽度大于等于1.5 m的，实测边线。除了排水管线(重力、压力)实测管底高程外,其余管线测量管顶高程。

5.3 管线附属物测量

5.3.2～5.3.5 地下管线的附属物如为井室(手孔、人孔)的情况,点状井室直接表示井室及井室内的主要部件的功能(阀门井、流量井、检修井等);面状井室实测井室外框的平面位置,如井盖与井室内的主要部件位置(阀门、流量箱、凝水器等)基本一致,则用井盖符号表示井盖和主要部件,如部件偏离与井盖图式符号以外的,需要单独表示该部件。

对于管线与消防栓、路灯、上墙、上杆连接处,管线测到正下方,垂直向上段作为部件的一部分。

条形或多边形的井盖可在整个井框范围中心测量高程,内业可在整个井框范围中心插入相应管线检修井符号以示区别,并输入高程。

5.4 综合管廊测量

5.4.1 本条明确了综合管廊的测量要求,实测外顶边线及不规则突起,整个外框全部实测。

5.5 地下管线埋深测量

5.5.1 由于跟踪测量在管线铺设完成就已结束,只实测了管线高程并没有测量路面的高程,故无法计算埋深。由于管线埋深比管线高程更直观,各管线成果使用单位需要埋深数据,故本条要求实测路面高程计算埋深或使用地面 DEM 计算管线概略埋深。地面高程在不同时期会有变化,应记录概略埋深计算时间。

5.6 地下管线断面测量

5.6.1 本节所规定的管线断面测量，应满足管线改、扩建施工设计需要，因此必须根据实地断面测量数据来编制断面图。

5.7 非开挖管线测量

5.7.1～5.7.5 非开挖管线的测量增加测量点间距应不大于 15 m 的要求。对于惯性定位仪法，由于不同品牌设备间差异较大，施工条件的差异也大，故未给出往返不符值、多次测量不符值、测量平面长度与两端点实际长度等限差，待《地下管道三维轨迹惯性定位测量技术规程》2021 年发布后参照执行。

6 地下管线探测

6.1 一般规定

6.1.1 地下管线探测方法的基本原则，就是采用实地调查与仪器探测相结合的方法。对于明显管线点，主要采用实地调查和量测；对于隐蔽管线点，主要采用仪器探查，必要时配合开挖验证等。

6.1.2 对于因未及时得到施工信息，造成管线施工中未能见管跟踪测量的，应及时使用探测的方法测绘管线成果，并在属性中记录该成果通过探测获得，把探测作为跟踪测量的补充测绘手段。

6.1.3 本条规定了地下管线点的设置要求。地下管线探测中管线点的设置应尽量置于管线的特征点或其地面投影位置上，这样有利于控制管线的敷设状况。特征点包括：交叉点、分支点、转折点、起讫点、变深点、变径点、变材点、上杆、下杆以及管线上的附属设施的中心点等。管线点的间距应根据探测任务的性质和管线的复杂程度而定。

6.2 资料收集与实地调查

6.2.1 本条规定了对已有地下管线资料调绘工作应包括的内容。包括：收集已有地下管线资料，分类、整理所搜集的已有地下管线资料，编绘地下管线现状调绘图，为实地探查工作提供基础资料。

6.2.2 本条规定了对已有地下管线资料搜集宜包括的内容。作业单位在接受探测任务后，在野外作业前应先取得测区内已有地下管线资料和测绘资料，以便更好地掌握测区现况，利于作业。作业单位还应主动与有关管线权属单位取得联系和配合。

6.2.3 本条规定了地下管线实地调查包括的常规项目，或可按委托方的要求确定。

6.3 地下管线探查方法与技术

6.3.1 本条规定了在地下管线探查过程中应遵循的几项基本原则：

1 从已知到未知。不论采用何种物探方法，都应在正式投入使用之前，在区内已知地下管线敷设情况的地方进行方法试验，评价其方法的有效性和精度，然后推广到未知区开展探查工作。

2 从简单到复杂。在一个地区开展探查工作时，应首先选择管线少、干扰小、条件相对简单的区域开展工作，然后逐步推进到相对复杂条件的地区。

3 优先采用轻便、有效、快速、成本低的方法。如果有多种方法可以选择来探查本地区的地下管线，应首先选择效果好、轻便、快捷、安全和成本低的方法。

4 复杂条件下宜采用多种探查方法相互验证。在管线分布相对复杂的地区，单一的方法技术往往不能或难以辨别管线的敷设情况，这时应根据复杂程度采用适当的综合物探方法，以提高对管线的分辨率和探查结果的可靠程度。

6.3.2 本条规定了鼓励采用新技术、新方法和新仪器进行地下管线探查工作。城市地下管线材质及施工工艺不断发展，地下管线探查技术方法和仪器设备也在不断进步发展和完善中，采用新技术、新方法和新仪器能解决管线探查难题以及提高管线探查效率和成果质量。但不论采用何种新方法、新技术、新仪器，在探查精度方面必须达到本标准第3.4节规定的基本精度要求。

6.4 探查仪器要求

6.4.1 本条规定了管线探查仪器应具备的性能。评价管线探查仪器的优劣，应从适用性、耐用性、轻便性和性价比等方面来评价。

7 地下管线数据处理与管线图编绘

7.1 一般规定

7.1.1 本条对地下管线数据处理的一般流程进行了描述。地下管线数据处理宜遵循此规定进行。

7.1.2 本条对管线数据处理的一般要求进行了描述。

7.1.3 采用专用数据检查软件进行数据的检查，能有效避免人工检查的诸多弊端，提高数据的质量。数据检查工作是动态、循环的过程，数据检查工作贯穿数据处理工作的每一个阶段。

7.1.4 数字地下管线竣工图由地下管线建设单位利用按本标准的要求测量和收集的资料编绘某一种专业管线的管线图；数字地下综合管线图由市测绘管理部门组织编绘。

7.2 地下管线数据处理与成图

7.2.2 不同管线内容放置于不同的图层，如合流管线中的文件注记图层为 XHZT。

7.2.4 管线空间位置用图形表达，属性内嵌在管线图形上。

7.2.6～7.2.10 对地下管线数据处理中重复点和超短线的合并与删除、实体的表示方法、管线端点的处理方法、管线辅助线的添加原则等作了详细的规定。

7.3 数字地下管线竣工图编绘

7.3.1 本条对数字地下管线竣工图进行了定义，规定数字地下管线竣工图应根据跟踪测量或探测所获得的数据进行编绘。

7.4 地下综合管线图的编绘

7.4.1 地下综合管线图在编绘前应进行必要的资料收集准备。完备的资料是地下综合管线图编绘的依据。

7.4.3 本条规定了地下综合管线图应采用管线所在地最大比例尺现势的数字地形图，这样就使地下综合管线图与数字地形图紧密结合起来，为数字地下管线图的测绘和使用提供方便。

7.4.4 本条规定了编绘地下综合管线图时所采用的数字地下管线竣工图或跟踪测量、探查获得的地下管线附属物与数字地形图上同位点的重合精度。

7.4.6 本条规定了地下管线竣工图中非图形信息注记的具体要求。

7.4.7 本条规定地下综合管线图编制完成后，图幅之间必须进行接边，消除地下管线在接合处产生的偏扭、失真现象。

7.4.8 地下综合管线图中如发现不合理的情况（如穿过电杆、消火栓、房屋、维修井等）或其他可疑之处，应摘录问题进行实地检测。如仍解决不了问题，应把地下管线竣工图、测量和探查获得的数据退回原管线测绘单位进行补测修正。

7.5 局部放大示意图及断面图编绘

7.5.1 当地下管线及附属设施过于密集无法清楚表示其局部相对关系时，应编制局部放大示意图。

7.5.2 本条规定了断面图编绘的内容和要求以及比例尺放大原则。

7.5.3 断面图指横断面图，表示同一断面各种管线之间、管线与道路边线、地面建(构)筑物之间的竖向关系。

8 成果检查验收、提交和入库

8.1 一般规定

8.1.1～8.1.3 地下管线测绘成果严格采用两级检查、一级验收和监督检查制度。两级检查由测绘生产单位完成，一级检查为过程检查，是生产人员按相应的技术标准对测绘成果进行全面检查，二级检查为最终检查，是质检人员按要求再一次进行检查，可以采用全面检查或抽样检查方法。一级验收由委托单位组织完成，一般采用抽样检查方法。监督检查由市测绘管理部门组织市测绘产品质量监督检验机构进行。

8.2 成果检查验收

8.2.1 管线测绘成果和数据库成果的检查验收与质量评定，应按现行国家标准《测绘成果质量检查与验收》GB/T 24356 和现行行业标准《管线测量成果质量检验技术规程》CH/T 1033 等执行。